Focus on
the Flood Disasters in Shanghai

胡昌新　顾圣华　何金林　金 云◎编著

关注上海洪潮灾害

 上海交通大学 出版社
SHANGHAI JIAO TONG UNIVERSITY PRESS

内容提要

　　本书阐述了上海洪潮灾害的概况与特点,并考虑城市化进展与水环境变化等综合影响,选取实例对上海遭受风暴潮、暴雨和上游洪水等灾害的现状,作发生、发展与成因分析;采取遗迹与文献相验证的方法,对上海历史上的风暴潮和洪水等灾害调查考证,推得可靠调查成果;专题讨论部分对上海设防潮位的若干问题加以探讨研究。本书资料丰富翔实,内容务实创新,可供水利、市政与气象等部门的科技人员参考,也可供大专院校师生课外阅读。

图书在版编目(CIP)数据

关注上海洪潮灾害/胡昌新等编著.—上海:上
海交通大学出版社,2016
ISBN 978-7-313-13956-6

Ⅰ.①关…　Ⅱ.①胡…　Ⅲ.①洪水-水灾-灾害防治
-上海市②潮水-水灾-灾害防治-上海市　Ⅳ.
①P426.616

中国版本图书馆 CIP 数据核字(2015)第 246691 号

关注上海洪潮灾害

编　　著:胡昌新 等

出版发行:上海交通大学出版社　　　　　　地　　址:上海市番禺路 951 号
邮政编码:200030　　　　　　　　　　　　电　　话:021-64071208
出 版 人:韩建民
印　　制:常熟市文化印刷有限公司　　　　经　　销:全国新华书店
开　　本:710 mm×1000 mm　1/16　　　　印　　张:12.75
字　　数:218 千字
版　　次:2016 年 7 月第 1 版　　　　　　　印　　次:2016 年 7 月第 1 次印刷
书　　号:ISBN 978-7-313-13956-6/P
定　　价:45.00 元

上海位于北亚热带南缘,是东亚季风盛行的地区。繁荣的城市北滨滔滔长江口,东临浩瀚大东海,南依汹涌杭州湾,西接江、浙边界,黄浦江、苏州河穿越市中心而过,是太湖流域主要入海通道所在处。全市总面积接近7 000平方千米,大部是江海相互作用下的冲积平原,长江口中有三岛,大陆部分地势低洼、高低不等。由于上海所处位置、地形和气候的特点,造成了洪潮灾害频繁发生。自古以来人民群众深受其害,在上海地区的历史记载中,"飓风大作,洪潮冲突""雨昼夜不息,湖海涨壅""平地水丈余,官民庐舍悉倾,沿海人民溺死无算"等文字屡见不鲜。纵观上海的历史,广大民众饱受洪潮灾害的肆虐之苦。千百年来,上海的历代先民们按照"浚河、筑堤、置闸三者如鼎足,缺一不可""高圩深浦,驾水入港归海"等治水理念,外御江海大潮,上泄流域洪水,内疏本地涝水。一部治理洪潮的历史,紧密联系着上海经济、社会的发展史。

新中国成立以后,针对本市台风多发性、暴雨突发性、水位趋高性、洪水复杂性、三碰头(台风、暴雨、高潮)经常性和四碰头(台风、暴雨、高潮、洪水)可能性等潮洪灾害特性,在各级党和人民政府的领导下,大规模地进行了修堤、开河、筑圩、建闸……先后实施了分片综合治理、海塘达标建设、黄浦江防汛墙加高加固、市中心排水系统建设、太湖流域上海段治理、西部地区防洪治涝、夹塘地区改造、苏州河综合治理等一系列挡潮、防洪、治涝工程,初步建立了千里海塘、千里江堤、城镇排水系统、郊区防洪除涝系统等四条防线和较为健全的防汛指挥系统。全市抗御洪潮灾害的能力有了很大的提高,洪潮灾害的损失大大降低。

改革开放以来,上海经济、社会快速发展,各方面发生了巨大的变化,城市繁荣兴盛、道路车水马龙、地铁纵横交错、建筑上天入地、高楼鳞次栉比、人口居住密集……2013年全市GDP总值达到21 602.12亿元,居全国城市首位;上海地区常住人口约2 480多万人,人口密度每平方千米约3 800多人;上海已建成31 037个地下空间,总建筑面积达到6 393万平方米,面积相当于一个中等以上的城市;上海运行的地铁线路有13条线,地下车站达354座,总长567千米,其中70%左右为地下线路,并拥有12条各类越江隧道,全市还有248处道路下立交。上海正向着现代化国际大都市的目标迈进,城市的发展取得了辉煌的成就。在这令人振奋的城市发展进程中,我们应该看到,防御洪涝灾害的能力总体还跟不上经济、社会快速发展和防御日益严重自然灾害的形势需要。上海这座城市,正面临着洪潮灾害高水位、高风险、高成本、高频率、大影响的新形势。

《关注上海洪潮灾害》一书,从上海地区风暴潮、暴雨、太湖及黄浦江洪潮灾害的特点及影响,历史上典型风暴潮和太湖洪水灾害的案例,以及黄浦江设防潮位分析的若干问题等方面,开展了极具针对性的深入调查、详细研究和科学剖析,综合了自然条件、地理环境、社会制度、人为活动等因素,在时间尺度、空间宽度上;总结了气候背景、人为活动、防御措施等上海地区重大洪潮灾害等三方面启示;分析了市区防汛墙与黄浦江潮位抬升的问题、"治太工程"对黄浦江上游区域的水情影响、城市化效应与道路积水的关系等21世纪上海防汛减灾新问题;从历史回顾中探讨了从古至今上海地区避害兴利、修筑沿海海塘,因地制宜、开通黄浦江水系,精心策划、建造吴淞江水闸等3个治水对策;梳理介绍了国外同类沿海城市加强城市排水设施建设、建闸防洪挡潮等2种主要防洪潮灾害的成功防治措施和建设高标准防御工程、采取撤离及避难等两类有效防御风暴潮灾害的合理对策及措施;提出了兴建河口水闸、抵御暴潮侵袭;结合河道整治,改进城镇排水;实施吴淞测流、全面掌握水情;加强预测预报、提前防范调度等四条上海远期防御洪潮灾害对策措施。本书资料调查丰富翔实,分析研究科学合理、数据结论依据充分,建言内容真实超前。本书涉及内容广泛,上至天文气象、下至海洋河湖;远至上海风暴潮灾害史料,近至21世纪发生的典型风暴潮案例,广至全市洪潮灾害宏观趋势研究,细至各类灾害水情数据变化分析。本书对上海地区防御洪涝灾害的规划设计和工程建设,有着重要的参考价值。

胡昌新、顾圣华、何金林、金云等本书编著者和十多位参与者,均是全市长期从事水文工作和研究的老、中、青科技人员,他们长期以来默默无闻地在水文战线上工作。他们认真研究、积极探索、勤于思考、不断总结的奉献精神和科学态度,是我们学习的榜样。让我们共同努力,为上海现代化国际大都市的水安全贡献力量!

汪松年

2015 年 8 月 15 日

（汪松年,原上海市防汛指挥部办公室主任,原上海市水利学会理事长,原上海市排水行业协会会长）

改革开放以来,关于上海的研究涉及政治、经济、社会、文化和人物等各个方面,包罗万象。近年来,上海城市安全问题也被列为探索的对象。

2012 年,美国《自然灾害》(*Natural Hazards*)杂志刊文称,全球 9 个滨海城市中,上海为遭遇严重洪灾时防御能力最弱的城市,上海遭受洪灾的风险比孟加拉国首都达卡还要大。这一观点值得引起人们的关注。

达卡是孟加拉湾的美丽城市,在 1991 年 4 月遭强台风侵袭,死亡约 13.8 万人,经济损失为 15 亿美元(折算人民币近 100 亿元),引起国际社会的高度关注。1997 年达卡又遭遇强台风灾害,死亡人数却不到 100 人,令人惊叹不已。究其原因,孟加拉国在 1991 年灾后,加强了避难所的修建,将能抗 8 米深潮水的避难所增加到 2 000 座,可供 100 万人临时避难。1997 年风暴潮的考验,说明这一措施的减灾效果十分显著。

回顾上海在 1962 年遭强台风风暴潮侵袭,半个市中心区被淹,经济损失当年价值 5 亿元(折算现价 40 余亿元)。迨 1997 年上海又遭受强台风风暴潮,黄浦公园站潮位突破百年以来历史最高记录,比 1962 年水位高出 0.96 米,而市中心区安然无恙,经济损失约 6.35 亿元(主要为郊县)。究其原因,上海市政府于 1984 年起,陆续修建黄浦江防汛墙 500 千米(含江堤两岸合计),该次风暴潮证实了防汛墙的实际效益。

综合来看,达卡和上海两个城市的防洪减灾能力各有特色。对《自然灾害》杂志的评论,不妨"有则改之,无则加勉"。防洪救灾是现代社会的公益事业,不仅需要国人的理解与支持,也需要和国外交流信息,了解与合作,从中汲取有益的经验。基于此,我们编写了《关注上海洪潮灾害》一书,梳理上海洪潮灾害的现状与历史情况,期望世人对上海的城市发展有所了解,让上海的城市印象更加靓丽。

上海滨江临海,在新中国成立以来的六十余年间,经受了风暴潮、暴雨和太湖洪水的严峻考验,防汛减灾成效显著。但从全球自然灾害形势和上海远期防汛需求来看,洪潮灾害仍是上海社会经济发展的一大心腹之患。从水文气象资料着手,搜集历史调查文献,探索洪潮规律,为上海防汛减灾服务,是为本书编撰目的之一。

本书内容分为三个方面:首先是现状解析,通过几次代表性的风暴潮、暴雨,以及上游洪水实测资料,作全面、如实的介绍,指出异常洪潮的特征和演变过程,着重对水情变化与水环境影响进行综合分析。

其次是历史调查。查阅地方志历史文献,特别是民间笔记史料,如《历年记》《三冈识略》和《吴江水考》等,据历史洪潮记载,实地调查,并作考证和测量工作,获取定量或半定量成果,为工程设防水位研究和预报预测等提供依据。

再次作设防探讨,进行设防潮位分析,着重于资料一致性处理和历史洪潮资料的作用,以及设计成果的合理性评价等问题,供远期设防潮位分析参考。

鉴于上海地区防汛安全整体考虑,太湖流域与上海密切相关,黄浦江是承泄太湖洪水的主要通道之一,故本书将太湖及黄浦江洪涝灾害和太湖历史洪水调查分别列入。结论部分回顾了上海地区防汛减灾的历史经验,列举了国外城市防洪减灾措施的实例,提出上海远期设防的建议,供进一步研究参考。

本书的编著素材主要以作者过去发表的论文或有关报告为基础,编入文章共24篇,其中胡昌新9篇,顾圣华、何金林、金云各2篇,贾瑞华、徐建成、徐辉忠、盛季达、周文郁、沈振芬、李天杰和李铖等各1篇,单位署名1篇。在一定程度上可以说是上海市水文总站多年来防汛业务工作总结。

本书承蒋德隆(上海市气象局原副局长、教授级高工)、陈元芳(河海大学水文水资源学院副院长、教授、博导)、阮仁良(上海市水务局水资源处处长、教授级高工、博士)、王兴祥(水利部太湖流域管理局教授级高工)、朱杰(上海勘测设计研究院教授级高工)、虞中悦(上海市防汛指挥部办公室高工)等专家对全书或部分篇章进行审阅、指导与建议,在此一并致以诚挚的谢意。

本书的编撰以水文领域的防汛安全为主题，内容广泛，事例众多，可供防汛抗灾、环境保护和规划设计等参考。书中如有疏误或不当之处，敬请批评指正。

编著者
2015 年 8 月

备注：据英国广播公司 2012 年 8 月 21 日报导，美国《自然灾害》杂志一篇论文根据"洪灾脆弱性指数"对全球沿海城市进行了评估：在 9 个滨海城市中（依次为上海、马尼拉、达卡、加尔各答、鹿特丹、布宜诺斯艾利斯、马赛、大阪和卡萨布兰卡），上海是遭遇严重洪灾时防御能力最脆弱的城市，遭遇洪灾的风险比达卡还要大，等等。本书对照上海防洪减灾的历史与实况，发现上述报导所引结论为一面之词，视上海是"不设防"的城市，不足以作为科学的结论。

CONTENTS | 目 录

第1章　上海：从不设防到设防的城市 ·········· 1

1.1　自然概况 ·········· 2

1.2　洪潮灾害简况及特点 ·········· 4

1.3　防灾减灾能力 ·········· 10

第2章　上海风暴潮灾害 ·········· 12

2.1　上海风暴潮概况及其成因 ·········· 12

2.2　8114号台风暴潮与浦东纳潮作用 ·········· 22

2.3　9711号台风高潮的抬升原因分析 ·········· 27

2.4　0509号与1323号台风影响黄浦江上游水位增高的探讨 ······ 35

2.5　1211号台风影响汛情特点与数值模拟分析 ·········· 42

2.6　居安思危，提高防洪能力 ·········· 50

第3章　上海暴雨危害 ·········· 52

3.1　上海暴雨特性及其成因 ·········· 52

3.2　城市化对降雨和径流的影响 ·········· 58

3.3　20世纪"778"暴雨分析 ·········· 64

3.4　从2013年"9.13"暴雨探讨城市化对降水的影响 ·········· 72

3.5　未雨绸缪，拓展排水综合措施 ·········· 79

第4章　太湖及黄浦江的洪涝灾害 ·········· 81

4.1　太湖洪水与黄浦江水情 ·········· 81

4.2　1991年汛期雨情与黄浦江水情分析 ·········· 88

4.3　1999年梅雨特性与黄浦江水情分析 ·········· 95

4.4　太湖洪水位抬升的原因与区域除涝 ·········· 102

第 5 章　上海历史风暴潮调查 ·· 107

　　5.1　风暴潮史料与灾害简况 ·· 107

　　5.2　1696 年特大风暴潮的调查研究 ·································· 110

　　5.3　1732 年风暴潮与地震遭遇的考证 ······························ 117

　　5.4　上海历史风暴潮调查成果的思考 ································ 123

第 6 章　太湖历史洪水调查 ··· 126

　　6.1　洪水史料与水情简况 ·· 126

　　6.2　从一则史料考证太湖历史暴雨 ·································· 129

　　6.3　从吴江县水则碑探讨太湖历史洪水 ·························· 133

　　6.4　太湖历史洪水调查资料的贡献 ·································· 147

第 7 章　黄浦江设防潮位分析的若干问题 ······················ 149

　　7.1　设防水位简况 ··· 150

　　7.2　黄浦江高潮位异变与一致性研究 ······························ 152

　　7.3　黄浦江历史风暴潮的认识与作用 ······························ 160

　　7.4　设计潮位成果的合理性评价 ····································· 165

　　7.5　黄浦江潮位"再分析"的建议 ··································· 168

第 8 章　上海：迈向现代化防汛安全城市 ······················ 171

　　8.1　严重洪潮灾害的启示 ·· 171

　　8.2　21 世纪上海防汛减灾的新形势 ································· 172

　　8.3　回顾历史，探索治水对策 ··· 175

　　8.4　放眼全球，借鉴防洪经验 ··· 177

　　8.5　上海远期防汛对策探讨 ·· 180

附录 ·· 183

参考文献 ·· 188

后记 ·· 191

第 1 章 上海：从不设防到设防的城市

当你漫步在新外滩的观景平台上，远望浦东，现代化的高楼林立，回顾浦西，万国建筑群逶迤傍水，俯视黄浦江，江上碧波荡漾，船只悠扬行驶，蓝天白云，风光无限，成为反映上海经济繁荣的标志性风景线。

当你穿越时空回到上海的过去，外滩的情境又是怎样？

清光绪三十一年八月初三（1905 年 9 月 1 日）："是日白昼东北风大作，且有暴雨，午潮盛涨，拍岸平堤，骏之乎已有漫溢之势……甫及半夜，潮倏又骤至，至怒涛汹涌，沿浦滩（即外滩）华租各界，无不水深过膝，几如尽在泽国之中，子夜后，四马路（福州路）一带地形卑下之处，竟至断绝交通，巡捕房已不便办公，用小船载送工役做陆地行舟之举……尤以浦滨各客栈下层堆积之货，受害更巨。"（孙家振《退醒庐笔记》）。

在半个世纪后，1949 年上海进入一个全新的时代，但自然灾害仍挥之不去。1962 年 8 月 2 日（农历七月初三）6207 号台风侵袭上海，遭狂风、暴雨、大潮侵袭，黄浦江、苏州河等市区堤岸决口 46 处，两岸漫溢。上海淹了半个市区（当年市区140 平方千米），南京路上海食品公司附近水深及腰，中国大戏院舞台浸水，39 座大楼地下室淹水。市区大范围积水，交通中断，仓库被淹，工厂停工，农田受涝等。据有关部门估计，这次灾害带来的直接经济损失达 5 亿元（当年价值）（参见《上海水利志》等记载）。自 1962 年风暴潮后，上海市区逐步开展防汛墙建设，经1974 年、1984 年两次提高设防标准，迄 1997 年建成高标准（千年一遇标准）的市区防汛墙 208 千米（黄浦江两岸合计），基本上完成了从不设防到设防的建设过程。

放眼未来，人水和谐，上海将呈现现代化防汛安全城市的全新面貌。

得益于水，得益于优越的水环境，得益于丰富的水资源，上海正在向国际经济、金融、贸易和航运中心的现代化大都市迈进。但是，水能载舟，亦能覆舟，不能忘记过去上海曾是遭受频繁而沉重的洪潮灾害城市之一,自然灾害如暴雨、洪水、台风风暴潮等此起彼伏,防不胜防地困扰人们。必须承认,我们目前的防灾减灾能力相对较弱,现有的防灾体系,不足以抗拒特大的洪潮灾害,势必对上海经济建设和社会发展构成潜在威胁。因此,为保障上海城市安全亟须进行洪潮灾害的研究,以提供防洪减灾的科学依据。

1.1　自　然　概　况

上海市位于长江三角洲东缘,太湖流域下游,东临东海,南濒杭州湾,西与江苏、浙江两省相接,北界长江入海口,地处我国南北海岸线的中部。地理位置为东经 $120°51'$ —$121°45'$,北纬 $30°41'$ —$31°51'$。全市陆域总面积为 6 340.5 平方千米,其中水面积 405.5 平方千米,占 6.4%。

上海市的土壤类型主要为黄泥土、夹沙泥、潮沙泥、沟干泥等,土层深厚疏松,一般都具有良好的通气性和透水性。自然植被主要为落叶阔叶林、常绿阔叶林,其中大部分地区自然植被已被农业植被替代,形成大面积以粮、棉、油及蔬菜作物为主的人工植被。

上海地处中纬度沿海,在全球气候带分布中属北亚热带南缘,是南北冷暖气团交汇地带,受冷暖空气交替影响和海洋湿润空气调节,气候湿润,降水充沛。由于上海城市化快速发展,上海气候已具有典型的“热岛效应”和“雨岛效应”。全市年平均降水量为 1 096 毫米。汛期(6—9 月)降水量占全年 50% 左右,夏秋季节的降水,为梅雨期或台风暴雨所致。

上海地区属太湖流域,以黄浦江为主干贯穿全市(除江岛外),形成干支流交叉纵横的平原感潮河网水系(见图 1-1)。黄浦江发源于太湖,承泄太湖来水的 70%—80%,多年平均来水量为 $100×10^8$ 立方米,汇入长江口,干流全长约 100 余千米(至淀山湖口),亦是长江入海前的最后一条支流,具有排洪、航运、供水、灌溉、旅游等多项功能。

黄浦江河床比降十分平缓,约在 1/10 万,沿江地势平坦,地面高程一般在 3—5 米(吴淞基面以上高程,下同)。

黄浦江潮型属非正规半日潮,每天两潮,每潮历时 12 小时 25 分,每月有两次大潮汛(农历初三和十八)。潮流界一般可上溯至淀山湖及浙沪边界,潮区界可达苏嘉运河平湖塘一带。河口吴淞站最大涨潮流量为每秒 10 100 立方米,最大涨潮水量为 $12 510×10^4$ 立方米(历时 5 小时 41 分),最大涨潮流速为每秒 1.8

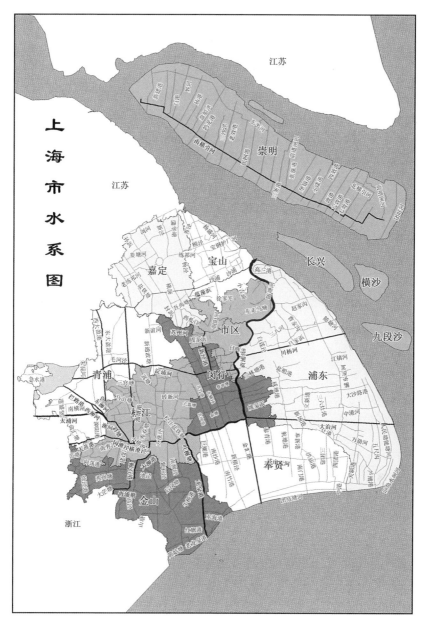

图 1-1　上海市水系图

米，每潮平均进潮量为 $5\,800\times10^4$ 立方米，年平均进潮量为 409×10^8 立方米。

上海地区的水灾害：在海气相互的作用下，高强度降水的暴雨，极大风速（12 级以上）热带气旋形成的台风，如遭遇天文大潮汛，常引起洪潮、雨涝等不同程度的灾害。

1.2   洪潮灾害简况及特点

自然科学把自然因素（如雨量、径流、潮汐等）多年平均状况，称为正常现象。例如径流提供农田灌溉，潮汐有利于航运，是大自然为人类生存发展提供了优越的环境条件。但当自然因素发生急剧的运动变化，偏离平均值达到某种变幅，可称为异常现象。例如"洪灾"是因暴雨引起水道急流，山洪暴发，河水泛滥，淹没农田等灾害的通称；"风暴潮灾"是由于台风（以及强热带风暴天气系统）引起海面异常升高、潮位急剧抬高的现象，亦称风暴潮（又称海岸洪水），同样导致海岸、河口、感潮河流等水流泛滥成灾；这类对人类社会带来破坏性肆虐的状况通称为洪潮灾害。

上海处于滨江临海的地理位置，深受来自海洋、陆地两大自然地理单元的综合性自然灾害侵袭；加之人类活动的影响，成灾机制较为复杂，具有潜在的灾害特点。

例如上海市区常遭暴雨积水危害，人们较为关注；而黄浦江潮位的趋势性抬升，由加高的防汛墙挡住，不为人们所重视；因此保障全市人民安全，必须对洪潮灾情有深切的了解。

上海的自然灾害有台风风暴潮（含天文潮）、暴雨、洪水、龙卷风、浓雾、高温、地震和地面沉降等多种，其中以台风、风暴潮、暴雨和洪水为主，几乎年年遭遇，而且有时来势凶猛，可统称洪潮灾害，如表 1－1 所示。

表 1－1   1949—1999 年上海市自然灾害摘要

灾害种类	发 生 次 数	死亡/人	受伤/人
地 震	19	3	92
台风（风暴潮）	39	1 932	580
暴雨（洪水）	117	32	105
龙卷风	63	154	2 092
大 雾	66	23	121
雷 暴	137	117	86
小 计		2 261	3 076

注：摘自《全国生态现状调查与评估·华东卷》。

暴雨积水的严重程度，并不完全取决于暴雨。如，1993 年 8 月 2 日暴雨量最大仅 105 毫米，由于部分泵站停电故障，导致某些地区积水面积扩大。又如 1991

年当年因环市区道路(高架路环线)施工,致多处排水不畅,形成较大范围积水。

1.2.1 灾害损失

灾害研究含灾害成因、灾害现象、灾害损失和防灾措施等几个方面,其中灾害损失是对社会影响的重要标志,涉及灾害等级,即属于巨灾、大灾还是一般灾害,至今各方面的认识还没有一致。据上海地区的特点,阐述如后:

上海地区的防汛史料记载:在杭州湾北岸,于唐开元元年(713 年)始筑捍海塘堤,到明成化八年至嘉靖二十二年(1472—1543 年),自长江口常熟县界至杭州湾北岸海盐县,全线大修沿海海塘,史称"江南海塘"。但是,吴淞口并未封堵,黄浦江保持太湖流域泄洪的独流入海河道,故上海市区(含旧城厢)仍是未设防城市。

新中国成立以后,黄浦江沿岸防汛墙修建,特别是 1984 年起加固加高防汛墙工程,提高对市中心的防潮能力,灾害损失相对减轻。同时,由于市中心区地面下沉,河道填塞,水面率剧降,尚未能免除市区暴雨积水。

灾害所造成的社会损失,基本上归结为人员伤亡和经济损失两个方面。在人员伤亡中,因灾致死,除溺死外,还有房屋倒塌压死、触电致死、舟车倾覆致死等也在内,因灾受伤,有重伤、轻伤等,均可直接统计列入。但是灾后发生疫病流行而导致死亡,历史上往往不予记载致死人数。新中国成立以后,灾后注重防疫卫生措施,及时制止流行病发生。现据上海地区 1949 年 5 月 27 日解放以来几次死亡人数达 5 人以上的灾年制表如下(见表 1 - 2)。

表 1 - 2 上海 1949 年 5 月 27 日解放以来主要洪潮灾害的死伤简况

年份	地 点	死亡人数	受伤人数	备　　　注
1949	郊县	1 580	160	潮灾,沿海海塘多处溃决,南汇等县达数十千米
	市中心区	34	95	
1956	郊县	8	346	台风灾害,房屋倒塌死亡或受伤
	市中心区	12	—	
1962	郊县	32	63	潮灾,市区触电死亡 13 人,郊区受伤以塌房居多
	市中心区	17	—	
1974	郊县	9	45	暴雨灾害,其中触电死亡 4 人,因抢险翻车事故 5 人
	市中心区	1	—	
1981	全市	6	42	潮灾,其中 2 人抢险殉职

(续表)

年份	地　点	死亡人数	受伤人数	备　　注
1991	全市	29	—	暴雨灾害,其中触电死亡 8 人,龙卷风死亡 16 人
1997	全市	7	—	潮灾:塌房与决堤造成
2005	全市	7	—	台风暴雨,其中塌房死亡 3 人,触电死亡 4 人
2012	全市	5	3	墙体倒塌死亡和触电身亡

　　1949 年 5 月 27 日上海全境解放前期,第 6 号台风 7 月 25 日在金山登陆,南汇等县 25 千米海塘因战事被严重损毁,堤身全被冲平者达十余千米,沿海有的村庄 72 户中,死亡 73 人;有的一家 7 人,死亡 5 人;有位年已 60 多岁的老人,在海浪里漂流了 5 里多路,经抱住一根木桥栏杆(水已过桥面)才幸免于难。由于决堤潮波冲击,人们夜间猝不及防,死亡达 1 211 人,占全市此次灾害死亡人数的 75%,惨剧不胜枚举。

　　在洪潮灾害中,触电死亡并未引起注意。如 1962 年潮灾,黄浦区的一个电器厂因马达浸水漏电,致 6 人死亡;还有多处亦触电死亡 7 人,共计 13 人(占此次潮灾死亡人数的 27%)。再如 1991 年暴雨,市区积水,其中有 8 人触电死亡(占此次灾害死亡人数的 38%)。

　　其次,由于风潮灾害造成房屋塌毁,在郊区县的受伤人数中,往往被压受伤居多,少数为溺水受伤。

　　经济损失包括直接损失和间接损失,由于间接损失难以评估,缺乏依据,故以直接经济损失为代表,上海地区 1991—2005 年间几次严重洪潮暴雨灾害经济损失如表 1-3 所示。

表 1-3　1991 年以来上海洪潮暴雨灾害经济损失简况

年份	雨情、水情	受灾农田/万亩	受淹住户/万户	经济损失/亿元
1991	6—7 月梅雨,8—9 月 2 次暴雨	80	34.0	11.0
1997	9711 台风、暴潮	75	0.5	6.35
1999	6—7 月梅雨,8—9 月 2 次暴雨	128	4.7	8.7
2001	2 次台风、暴雨等	78.9	4.78	3.23

（续表）

年份	雨情、水情	受灾农田/万亩	受淹住户/万户	经济损失/亿元
2005	2 次台风、暴潮、暴雨	97.8	5.0	13.58
2012	1 次台风、暴潮、暴雨	17.3	2.0	6.64
2013	1 次台风、暴雨、高潮、洪水	41	10.0	9.53

表 1-3 中经济损失的估算与当年价格有关，也与城市基本建设不断增长有关，仅供参考。

1949—1990 年间的经济损失，无公布数据，1962 年风暴潮灾，沿江沿河原防汛墙决口 46 处，半个市区被淹没（注：市中心区面积：1949 年时为 86.5 平方千米，1960 年增至 140 平方千米，2001 年发展至 289 平方千米），市中心区被淹经调查估计直接经济损失达 5 亿元（当年价格）。据社会折现率（k）计算，$k = (1+i)^n$。假设 i 最低为 5%，基准年为 2005，$n = 43$，则 k 以 8 倍计，折算现值约达 40 亿元（见图 1-2）。

1.2.2　灾害特点

在罗列灾害史实的基础上，进行洪潮灾害的规律研究；由于形成灾害的因素十分复杂，有自然的，也有人为的，并且对灾害的量化缺乏依据，因此对灾害特性分析，往往有两类途径，一是从现状存在的问题出发，采取定性或半定量的方法，归纳其特性；一是从总体特征出发，采取半定量或定量的统计方法，确认其特性。

（1）从现状分析，对上海洪潮灾害性质大致提出以下几点。

①复杂性：表现为自然和人为因素交叉影响，例如太湖流域综合整治骨干工程基本完成，上游洪水下泄通畅，下游潮流却相应上溯，黄浦江沿线水位呈现趋势性抬升。2005 年汛期上游米市渡站水位突破历史记录达 4.38 米，超过工程前约 0.6 米，对平原水网地区造成严重威胁。随着上海社会经济不断发展，日益增多的高层建筑物，使城市化热岛、雨岛效应加剧，降水量增多，影响道路积水的连锁反应。

②多重性：表现为自然灾害间相互影响。例如在台风暴雨期间，又有龙卷风同时产生。1999 年 9 月 6 日，由于热带风暴残留云团影响，松江、浦东新区等镇村，先后再次遭到龙卷风、雷击等侵袭，造成 37 人受伤。又如 2005 年 9 月

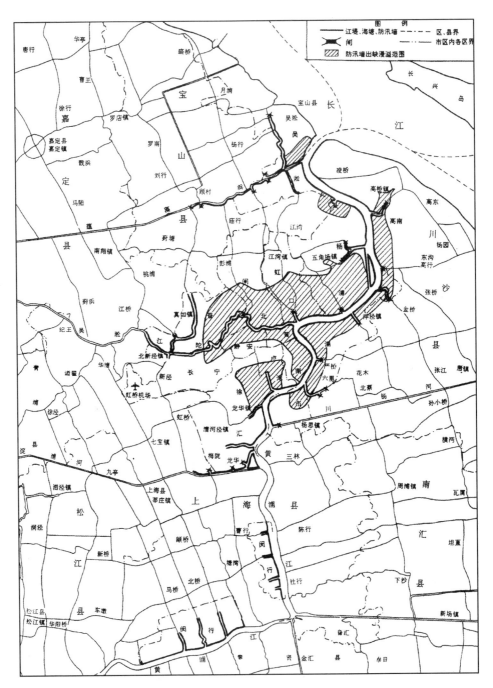

图1-2　1962年8月2日上海市中心区漫溢位置示意

11—12 日，受"卡努"台风暴雨影响，奉贤还出现短暂龙卷风等。

③ 多发性：洪潮灾害的发生发展过程，在一般年份，影响上海市的台风为1—2 个，但有的年份多达 4—5 个。例如 2000 年，连续影响上海台风达 4 个，其中两个台风使黄浦公园潮位 4 次超过 5 米(5.05—5.70 米)，为 1949 年以来所罕见。

④ 洪潮遭遇的可能性：台风、暴雨、高潮和上游洪水的"四碰头"，是上海的心腹之患。关键是在于台风暴潮与上海梅雨期洪水的两者相互关系。例如1987 年汛期，从 7 月 1—28 日为梅雨期 28 天，而 7 月 28 日的 8707 号台风在浙江瓯江登陆，进入太湖，再转向北上黄海，形成梅雨紧接台风的局面，虽然遭遇的概率很小，但表明可能性不能轻易排除。

(2) 从总体过程观察，通过水文气象要素分析，反映自然灾害具有明显的随机性和周期性。

① 随机性：洪潮现象是自然现象之一，在它的发生发展过程中，受到多种(如风云、海况等)变化的因素影响，因而具体表现在数量上的偶然性或随机性。

通过水文气象要素的统计分析，大量观察或试验的结果，表明洪潮灾害具有显著的随机性，应用概率统计方法的成果，提供工程建设运行期间发生的可能性。例如，据黄浦公园站的历年最高潮位资料，经随机理论的频率计算分析，当黄浦江防汛墙设计标准为千年一遇，得出 5.86 米。同时，按工程建设要求，再加超高 1.04 米，确定防汛墙设防标高为 6.90 米。

② 周期性：洪潮现象的发生都有它的宏观背景，是受制于天体、地球运动等变化过程，因而，具体表现在突变、异常等事件，常常是类似的、有序的、必然的发生，故称为周期性。

通过水文气象要素的时序分析，检验长系列资料的结果，表明洪潮灾害往往呈现准周期性。如潮汐涨落过程，主要为太阳和月球的引力，导致地球表面海洋水体的演变，发生朔、望天文大潮的周期现象。又如江淮流域的几次大洪水，在1931 年大水后，当相隔 23 年(属太阳黑子周期限 11 年的两倍)，又发生类似的1954 年大水，当相隔 60 年，又发生 1991 年江淮大水，呈现江淮流域大水的显著周期性。因此在长期预测工作中，利用洪潮灾害的周期性，进行趋势预测，可供防灾研究的重要依据。

综上分析，洪潮灾害既有随机性，又有周期性，表面上似乎矛盾，实质上却是事物具有偶然与必然的辩证关系。

1.3 防灾减灾能力

据 2008 年《上海市防汛工作手册》记载,全市防洪保安工程有沿江沿海的海塘 523.5 千米,黄浦江防汛墙 511 千米(含江堤),排水工程有城镇排水泵站总流量 2 482.7 立方米/秒,郊区排涝泵站总流量 1 833.5 立方米/秒,以及水闸 1 991座和内河圩堤 2 637 千米等,已初步形成全市防洪、挡潮和排水的水工程体系,为防御洪潮灾害发挥了重要作用。

上海市防洪挡潮等工程的防御能力,据工程规划设计标准制订,如表 1‐4所示。

表 1‐4 上海水工程设防标准情况

工 程	所 在 地 点	重现期/年	备 注
海塘	重要企业、港口等	200	加 12 级风
	一线海塘	100	加 12 或 11 级风
防汛墙与江堤	黄浦江市中心区	1 000	黄浦公园站
	黄浦江主要支流江堤	100	相关测站
	黄浦江上游支流江堤	50	相关测站
圩堤	内河(控制片)	10—20	—
市区泵站	重要地段	3—5	50—57 毫米/小时
	其他地段	1—2	36—44 毫米/小时
郊区泵站	城镇小区和郊县圩区	15—20	日雨量
	郊县局部农田	10 以下	日雨量

从表 1‐4 知,上海地区水工程的设防标准,随着保护对象的重要性而定。但是,由于海平面上升,地面沉降和水情变动影响等原因,其防御能力与要求也不断变化,从而导致个别设防标准与防御能力不相适应的情况。

针对上海市的汛情和工情特点,为防御台风、暴雨、高潮、洪水等灾害,防汛部门采取设防措施,建成五个防汛工作体系:即防汛工程体系、组织指挥体系、预案预警体系、信息保障体系、抢险救援体系等,总体上经受了洪潮灾害的考验,取得了大汛小灾、平汛少灾、小汛无灾的良好局面。

随着上海城市社会和经济不断发展,产生了一些新的灾源,如地下空间(地铁、隧道、地下车库、商场和仓库等)的开发利用造成新的事故隐患,市政设施(供水、供气、供电)出现偶然事故等。当自然灾害(台风、洪潮、暴雨等)来临,可能引发次生灾害等,损失将难以估计。因此,避免次生灾害的发生,是城市防灾减灾的新课题,亦应纳入研究和防范洪潮灾害的基本任务之中。

第 2 章 上海风暴潮灾害

上海地处西北太平洋沿岸,遭受台风暴潮灾害最为严重,在历史文献中,造成农田受淹,房屋倒塌,溺死居民等记载,是难以抗拒的自然灾害。新中国成立以来,经过多年努力,逐步建设加高加固海塘、防汛墙等水利工程体系,发挥了抗潮减灾作用,潮灾得以不同程度减轻,但是社会经济损失不断上升,尤其对市中心区的安全尚存潜在威胁。

经过对"8114""9711""0509""1211"和"1323"等几次台风风暴潮的具体分析,发现通过黄浦江整治和太湖流域综合治理等系列工程的实施,使得上海水环境、工情发生了变化,暴露出黄浦江潮位发生持续抬升并有逐年递增的新问题。

2.1 上海风暴潮概况及其成因

1843 年上海开埠后,开始对长江口和黄浦江进行潮位的观测工作,1890 年在吴淞张家浜设立水位标尺,人工观测,1912 年在吴淞口设立周记式自记水位计。新中国成立后,在长江口、杭州湾等处设立各类水文站、水位站等 69 处(含航道局、海洋局属站)。迄今亦有近 60 年潮位资料,为研究风暴潮提供了基本的、重要的信息。据吴淞站潮位资料,黄浦江潮位主要受天文潮和台风增水因素控制,而受长江下泄径流及上游太湖来水等因素影响相对较小。如 1997 年风暴潮吴淞潮位达 5.99 米,造成黄浦江沿江水位均超过历史记录。

风暴潮历来是上海地区威胁最大的自然灾害之一,它集狂风、巨浪、高潮及暴雨于一体,具有突发性强、破坏力大、影响面广的特点,给上海地区的社会经济发展和人民生活安定带来不利影响,因此风暴潮的研究是上海防汛减灾的重点之一。

风暴潮是指海水位高出正常潮汐水位的现象,台风暴潮组成因素分析,可由天文分潮、浅水分潮和气象分潮组成。天文分潮完全由天文原因所产生,属于正规的波型;天文潮波自深海传至河口海岸,水深渐浅,潮波变形,附加一系列的浅水分潮;这两种分潮一般统称天文潮。天文潮位的计算,应用潮汐的调和分析法。气象分潮,以气象因素的台风为主,寒潮和暴雨等亦有影响。因此风暴潮的组成因素分析,基本上可由天文潮位(含浅水分潮)与台风增水(气象分潮)遭遇组成。

2.1.1 潮汐特性

长江口为中等潮汐强度的河口,黄浦江水系属于非正规浅海半日潮型,潮汐日不等现象明显,从春分到秋分,一般夜潮大于日潮,而秋分到翌年春分,日潮大于夜潮。

在一个太阴日(24 小时 50 分)内有两次高潮和两次低潮,且各不相等。在一个太阴月内有两次大潮汛(农历初三和十八左右)和两次小潮汛(农历初八和二十三左右),年最大天文潮汛在农历八月。长江口等处涨落潮历时一般涨潮为4 小时多,落潮为 7 小时多。潮波进入黄浦江后,涨潮历时缩短,落潮历时延长,与河道水深及径流泄量有关而变化(见表 2-1)。

表 2-1　上海地区主要站潮位潮时统计

站　名	平均高潮位/米	平均低潮位/米	平均涨潮历时/时分	平均落潮历时/时分	涨落潮的时差/时分
高　桥	3.30	0.96	4:48	7:37	2:49
吴　淞	3.26	1.03	4:33	7:52	3:19
黄浦公园	3.14	1.29	4:17	8:08	3:57
米市渡	2.78	1.72	4:15	8:10	3:55

2.1.2 风暴潮特性及其时空分布

风暴潮是由于强风或气压突变等气象原因,而引起的海水位异常升高现象。若恰遇天文潮高潮相组合,则影响所在海域(及河口等)潮位暴涨极高。以风为驱动力形成的风暴潮,并有波浪和流动性质,是振荡运动和水平运动的结合,由此而产生的密度流,有搬运、分选和悬浮颗粒的作用。上海沿海地区是风暴潮的多发地区,从而形成许多风暴碎屑沉积,有助于长江三角洲不断向外推进滩地,同时也给沿海地带造成浸漫陆地,危害人民生命财产等,故亦称"风暴海啸"。

因此,当上海地区遭遇风暴潮时,相邻地区亦发生相近或更高的高潮位,如表2-2所示。

表2-2 吴淞及邻近地区风暴潮简况

日 期	吴 淞		相 邻 地 区			台风登陆地点或转向	台风编号
	台风增水/米	最高潮位/米	地 名	台风增水/米	最高潮位/米		
1956年8月1日	1.86	4.43*	澉 浦	3.02	4.37	浙江舟山	5612
1974年8月20日	0.77	5.29	尖 山	2.24	6.09	浙江三门	7413
1981年9月1日	1.51	5.74	吕 泗	2.03	4.34	近海转向	8114
1997年8月18日	1.45	5.99	健 跳	2.61	5.27	浙江温岭	9711

注:1956年台风引起增水,未遭遇天文大潮,其高潮位相应较低。

现将风暴潮灾的时空分布分述:

1) 年际变化

据吴淞站历年最高潮位资料,绘制历年过程线(见图2-1),在20世纪内,严重风暴潮灾平均约8—10年出现一次。

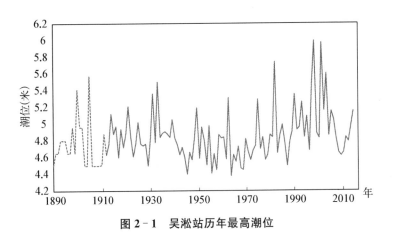

图2-1 吴淞站历年最高潮位

2) 年内分布

上海风暴潮的年内分布,主要取决于台风侵袭影响时间,据1884—2002年影响上海的台风资料,以7、8、9三个月最多,均占全年的90%。年内影响最多达7次(1911年、1914年),最少的1次也没有(1968年)。在一年内风暴潮连续出现2次(或2次以上)往往具有严重危害,例如1933年、1962年和2000年等

（见表 2-3）。

表 2-3　黄浦江一年内遭两次风暴潮情况

年　份	农历月日	水　情　灾　情	吴淞潮位/米
1933	七月十三	市区马路积水没胫,外滩一带全没	5.47
	七月二十九	市区马路浸水 1—2 尺,汽车失效	5.50
1962	七月初三	市区大部分受淹,南京路食品一店门口水深 1 米	5.31
	八月初七	全市普降台风暴雨雨量在 100 毫米以上,市区积水严重	4.21
2000*	八月初三	黄浦江防汛墙多处渗漏	5.87
	八月十七	防汛墙个别河段受损	5.40

注: * 1984 年起修建防汛墙后,市中心区未发生风暴潮潮水漫溢现象。

3) 地区分布

上海地区风暴潮灾多发生在长江口、杭州湾的两侧陆地和岛屿,据 1900—1990 年各县区潮灾统计,崇明、川沙、宝山等达 12—17 次;南汇、奉贤、金山、嘉定等为 6—8 次。沿江沿海历年最高最低潮位如表 2-4 所示。

表 2-4　沿江沿海历年最高最低潮位统计

项　　　目	崇　明	川　沙	南　汇	奉　贤	金　山
	堡　镇	高　桥	芦潮港	金汇南闸	金山嘴
最高潮位/米	6.03	5.99	5.68	6.24	6.57
发生年份/年	1997	1997	1997	1997	1997
最低潮位/米	−0.19	−0.43	−1.25	淤塞	−1.78
发生年份/年	1969	1969	1980		1969
资料年份	1956—	1956—	1977—	1980—	1952—

2.1.3　台风与台风增水

热带气旋、温带气旋和寒潮是影响风暴潮的天气系统,其中以热带气旋的台风影响居多,是造成风暴潮的主要因素。

1) 影响上海的台风

据 1884—2002 年资料,上海 5—10 月共受热带气旋影响 246 次,平均每年约2次,最多达11次(1911年),见表2-5。

风暴潮影响主要在每年的5—10月。其中,5—6月、10月份受到影响的次数相对较少,以7、8、9三个月最多,约占全年的90.6%,尤以8月份为最,约占全年的36.2%(见表2-5)。风暴潮影响长江口平均持续2—3天,长的可达5—6天,短的为1天。

表2-5　1884—2002年影响上海的热带气旋次数

月份 ＼ 风力	<7级	7级	8级	9级	10级	11级	≥12级	合计
5月	—	—	1	—	—	—	—	1
6月	4	2	5	1	1	1	—	14
7月	5	11	16	15	5	7	5	64
8月	2	12	14	30	19	5	7	89
9月	9	14	17	12	10	6	2	70
10月	—	—	3	2	3	—	—	8
合计	20	39	56	60	38	19	14	246

根据1949—2002年资料统计,对长江口有严重影响的台风有如下三类(见图2-2):

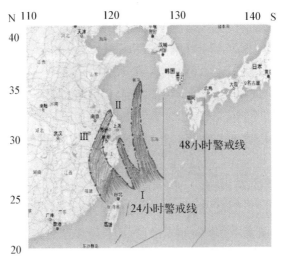

图2-2　影响上海的台风路径示意图

其一为正面登陆上海市长江口:典型的例子是"7708"号和"8913"号台风。

它们从西北太平洋穿越琉球群岛进入东海北部,并突然左折,分别在上海的崇明和浦东川沙登陆。

其二为近海北上:这类路径较多,有代表性的是"8114"号和"0012"号台风。它们在北上过程中,离上海的最近距离分别是 200 千米和 150 千米。由于没有登陆,因此中心风力减弱较慢,中心气压也较低。若与天文大潮遭遇,吴淞站亦呈现高潮位。

其三为在浙江北部(如象山、温岭)登陆后继续西进深入内陆,或北上过程中,中心穿过上海后进入黄海:如 1997 年 11 号强台风,距上海 300 千米温岭处登陆西行,台风影响期间,上海市出现大暴雨(日雨量达 131 毫米)和大风 8—10级、阵风 10—12 级,并出现强烈的风暴潮增水,恰与天文大潮遭遇,吴淞站潮位创历史记录,达到 5.99 米。

据徐家汇(龙华)台风风速资料,近百年来以 1915 年 7 月 28 日为最:最大风速 38.3 米/秒,极端风速 43.9 米/秒(阵风)。其次如 1905 年、1931 年和 1956年都出现最大风速 30—34.7 米/秒,上海沿海郊县的最大风速为市区的 1.1—1.2 倍。长江口一般以东南风出现概率较大,但台风在长江口海面多为东北偏北大风,有利于黄浦江增水。

因此,影响上海的台风,它的路径(含移动速度)、中心气压和气旋尺度(风圈、风速以及天气系统)等,是造成台风增水幅度的决定因素。

2) 台风增水的估算分析

从风暴潮的组成因素分析,即风暴潮位(Hi)可由天文潮位(Gi)和台风增水(ΔHi)遭遇组成,$Hi = Gi + \Delta Hi$;现据 1978 年等调和常数率定,推得相应天文潮位(Gi),然后由实测风暴潮位(Hi)减去,推得相应增水(ΔHi)值,如表 2 - 6所示。自 20 世纪以来,黄浦江河口吴淞站风暴增水超过 1 米的风暴潮就有 13次,其中最大增水达 1.86 米(见表 2 - 6)。

综合吴淞、黄浦公园的台风增水特点有:

(1) 台风增水过程:第一阶段是台风长浪波及所在测站,对潮位约有 0.20—0.30 米的增水;第二阶段是台风中心临近登陆或近海转向时,对测站潮位将出现最大增水;第三阶段视台风去向,若北上台风则无明显的减水,若登陆再入海则引起再增水的过程。

因此在增水过程中,最高潮位时的增水值并不一定是最大增水,如表 2 - 7所示。

表 2-6　吴淞、黄浦公园站风暴潮历年增水情况

年份	月 日	农历月日	吴淞		黄浦公园		市区极大风力/级	市区最大雨量/毫米	L_0/千米	登陆地点或转向
			实测潮位/米	增水/米	实测潮位/米	增水/米				
1905	9月1日	八月初三	5.64	—	5.24	—	11	20.1	200	近海转向
1914	8月24日	七月初四	5.12	—	4.73	—	—	—	—	远海转向
1921	8月20日	七月十七	5.21	1.50	4.88	—	9	93.2	110	浙江定海
1931	8月25日	七月十二	5.36	1.58	4.94	1.42	11	84.3	110	浙江定海
1933	9月2~3日	七月十三	5.47	1.34	4.80	0.74	10	20	150	近海转向
	9月18日	七月二十九	5.50	1.43	4.86	1.00	11	56.0	100	近海转向
1937	8月3日	六月二十七	4.88	1.03	4.32	0.83	12	34.5	270	浙江海门
1939	8月30日	七月十六	5.05	0.98	4.70	0.58	10	40.3	200	近海掠过
1949	7月25日	六月三十	5.18	1.20	4.77	1.07	12	148.2	110	浙江定海
1956	8月2日	六月二十五	4.43	1.86	4.08	1.60	12	60	200	浙江象山
1962	8月2日	七月初三	5.31	1.12	4.76	0.83	10	48.8	200	长江口外掠过
1974	8月20日	七月初三	5.29	0.77	4.98	0.70	8~9	73.5	210	浙江三门
1981	9月1日	八月初四	5.74	1.51	5.22	1.20	11~12	22.0	110	近海转向

（续表）

年份	月　日	农历月日	吴　淞		黄浦公园		市区极大风力/级	市区最大雨量/毫米	L_0/千米	登陆地点或近转向
			实测潮位/米	增水/米	实测潮位/米	增水/米				
1989	8月4日	七月初三	5.35	1.11	5.04	1.05	10	90.9	0	上海川沙
1992	8月31日	八月初四	5.26	0.89	5.04	0.90	9～10	136.8	600	福建长乐
1996	8月1日	六月十七	5.47	0.88	5.19	0.90	8～9	12	640	福建福清
1997	8月18～19日	七月十七	5.99	1.45	5.72	1.49	8～10	131.0	300	浙江温岭
2000	8月31日	八月初三	5.87	1.38	5.70	1.48	12	—	120	近海北上
	9月14日	八月十七	5.40	1.29	5.22	1.37	12	124.8	370	近海北上
2002	9月8日	八月初三	5.53	0.98	5.33	1.06	8～11	50	440	浙江苍南
2005	8月6日	七月初三	5.04	0.69	4.94	0.75	11	292.0	330	浙江玉环
2012	8月3日	六月十六	4.92	0.61	4.71	0.60	6～8	36.5	400	江苏响水
	8月8日	六月二十一	4.51	0.95	4.46	0.94	8～10	224.0	200	浙江象山
2013	10月8日	九月初四	5.15	0.87	5.17	1.10	6～7	332.0	480	福建福鼎

注：L_0为台风登陆（近海转向处）至上海的距离。

表 2-7   吴淞、黄浦公园站最大增水比较

站　名	年份	最高潮位/米			最大增水/米	
		时　间	潮位	增水	时　间	增水
吴　淞	1956	8 月 2 日 5:10	4.43	1.86	8 月 2 日 4:00	2.42
	1974	8 月 20 日 11:55	5.29	0.77	8 月 19 日 23:10	1.58
	1981	9 月 1 日 1:15	5.74	1.51	9 月 1 日 0:00	1.88
	1997	8 月 18 日 23:45	5.99	1.45	8 月 18 日 23:00	1.71
黄浦公园	1974	8 月 20 日 1:30	4.98	0.70	8 月 20 日 0:00	1.52
	1981	9 月 1 日 1:30	5.22	1.20	9 月 1 日 0:00	1.77

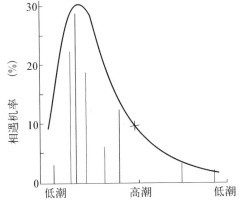

图 2-3   台风最大增水与天文潮相遇机率

（2）台风增水与天文大潮的遭遇。由表 2-7 可知,天文高潮恰与最大增水值相遇机会较少,经吴淞站逐年初步统计,相遇机率约在 10% 左右,如图 2-3 所示。

上海地区的严重风暴潮都是由于台风侵袭影响,并遭遇天文大潮所造成。最高潮的出现日期多发生在农历六月至九月的"朔、望"期间,如表 2-8 所示。

表 2-8   台风高潮发生在"朔、望"期的统计

项 目	六　月		七　月		八　月		九　月		其他
	朔	望	朔	望	朔	望	朔	望	
占百分比	4.8	10.8	13.3	20.5	16.9	6.0	4.8	4.8	18.1
典型年份	—	—	1962	1997	1981	2000	—	—	1956

从表 2-8 知,在七月望至八月朔(即农历七月十五至八月初四)期间出现风暴潮占 37.4%,例如 1997 年和 1981 年的严重风暴潮均发生在此期间。

2.1.4　人为活动影响

风暴潮在海面上形成的过程中,是不会受到人为活动影响的,但当进入河口段与感潮河段,将受到不同程度的人为影响。例如河口段的束窄工程,感潮河段

从水网型向渠道型改造的工程,促使风暴潮受到工情变化,导致上海地区风暴潮产生相应变化。

黄浦江风暴潮位趋势性增高变化(见表 2-9),除气候变化和海平面上升等因素外,而人为活动影响也参与潮位不断抬升。

表 2-9　黄浦江主要站各阶段年最高潮位

站名	项　　目	00—09	10—29	30—49	50—69	70—89	90—09*
吴淞	二十年平均/米	(4.78)	4.805	4.865	4.690	4.850	5.155
	时段最高/米	5.55	5.21	5.50	5.31	5.74	5.99
	发生年份	1905	1921	1933	1962	1981	1997
	≥5.2 米/次数	1	1	2	1	3	5
黄浦公园	二十年平均/米	—	4.495	4.485	4.390	4.605	4.945
	时段最高/米		4.88	4.94	4.76	5.22	5.72
	发生年份		1921	1931	1962	1981	1997
	≥5.0 米/次数	—	0	0	0	2	5
米市渡	二十年平均/米		3.45	3.33	3.44	3.555	3.955
	时段最高/米		3.80	3.72	3.80	3.86	4.38
	发生年份		1921	1931	1954	1989	2005
	≥3.8 米/次数		1	0	1	2	13

注:00—09 为 1900—1909 年,10—29 为 1910—1929 年,依次类推;但 90—09* 为 1990—2009 年。

黄浦江水环境的变化,大致上经历了两个阶段:第一阶段,以 1981 年风暴潮为转折点,进行了黄浦江沿岸防汛墙加高加固等一系列整治工程,虽在多次抗御台风高潮中发挥了巨大作用,而沿江的潮位也发生了趋势性渐变。第二阶段,以 1991 年太湖洪水为转折点,进行了太湖流域综合治理建设,相继完成了望虞河、太浦河等十项治理骨干工程,在 1999 年太湖特大洪水中,由于建成的骨干工程发挥作用,大大地减轻了洪灾损失。但是黄浦江上游的腹地(如米市渡等站)水位也发生了很大变化,如在 2013 年洪潮情况下,其水位再次突破历史记录,反映了上游暴雨洪水下泄时,遭遇涨潮流顶托的影响。

因此,人为活动对潮位的影响,不断发生渐变或突变,如何适应水环境的变化,是值得关注的研究课题。

2.2 8114号台风暴潮与浦东纳潮作用

2.2.1 台风概况

1981年8月27日至9月1日上海遭受14号强台风和大潮汛的同时袭击（简称8114号台风），是上海历史上罕见的具有严重威胁的一次自然灾害。这次强台风，风圈大（8级风圈300千米），来势猛（近中心最大风力12级以上，达44米/秒），而临近上海时却移动缓慢，使上海8级以上风力长达62小时，市区最大风力达10级，沿海达11级以上（见图2-4）。特别是台风临近时，正值9月1日（八月初四）凌晨的大潮汛，"两害"相遇，潮水猛涨，到9月1日凌晨一点三十分黄浦公园站水位高达5.22米，比市区一般地面高程（3—4米）高出1—2米。长江口的横沙、堡镇、高桥和黄浦江的吴淞，大治河西闸以及北新泾等16个水文站的水位也都超过历史最高记录。如果防洪墙溃决，市区将被水淹，大部分建筑物的底层将要泡在水中，生产、供电、交通、商业等将处于瘫痪状态，给人民生命财产带来严重损失。

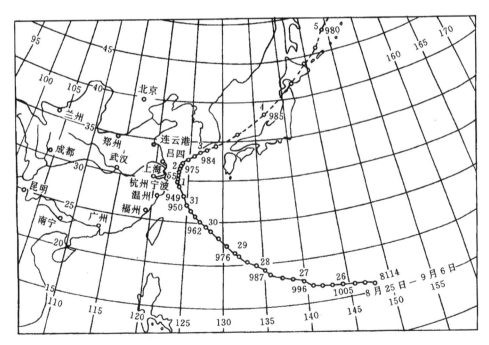

图2-4 8114号台风路径

2.2.2　台风雨情况

8114 号台风是 1981 年西北太平洋地区依次出现的 14 个台风中最强的一个台风,它的云系分布是不对称的,当它靠近大陆时,台风云系主要集中在东北和东南象限。台风中心西侧的云系范围很狭小(仅西南象限云量较多)。当台风从长江口转向北上时,9 月 1—3 日在浙江北部出现特大暴雨,余姚梨洲最大 24 小时雨量达 484 毫米,9 月 1 日后,台风云系成西南—东北走向,长达数千千米。在台湾南部和广东、海南等地,9 月 5 日仍降暴雨,这种情况,较为少见。位于台风中心西侧的上海各气象站总降水量不大,自 9 月 1 日至 3 日 8 时,一般降水量为 25—45 毫米,个别地区有 60 多毫米。在浙江北部的余姚梨洲总降水量最大,3 日雨量达 700 毫米,处于台风中心西南角的定海为 206 毫米。

2.2.3　高潮位分析

8114 号高潮发生时间及过程。1981 年 8 月 31 日深夜至 9 月 1 日凌晨,8114 号台风在上海以东 110 千米海面掠过,长江口黄浦江、浙江的宁波、镇海、定海、江苏的吕四、连云港等地均受台风影响,潮位普遍上涨,潮位之高,涨率之大超过历史最高记录(见表 2 - 10)。从潮位涨落过程中看有如下特点。

表 2 - 10　8114 号台风后沿海沿江各站超过历史最高潮位

河　口	站　名	历　史　最　高			8114 号台风		超过历史最高水位/米
		水位/米	年月日	农历月日	最高水位/米	时分	
长江口	中浚	5.21	1951 年 8 月 21 日	七月十九	6.04	23:55*	0.83
	横沙	5.38	1974 年 8 月 20 日	七月初三	5.53	0:20	0.15
	长兴	5.43	1979 年 8 月 20 日	七月初三	5.63	1:00	0.20
	高桥	5.51	1972 年 8 月 3 日	六月二十五	5.64	1:10	0.13
	堡镇	5.48	1979 年 8 月 20 日	闰六月二十八	5.67	1:14	0.19
	南门港	5.61	1974 年 8 月 20 日	七月初三	5.80	1:40	0.19
黄浦江	吴淞	5.72	1933 年 9 月 18 日	七月二十九	5.74	1:15	0.02
	高桥	5.15	1974 年 8 月 20 日	七月初三	5.55	1:30	0.40
	黄浦公园	4.98	1974 年 8 月 20 日	七月初三	5.22	1:30	0.24

（续表）

河 口	站 名	历 史 最 高			8114 号台风		超过历史最高水位/米
		水位/米	年 月 日	农历月日	最高水位/米	时分	
黄浦江	建源	4.67	1931 年 8 月 25 日	七月十二	4.89	1:55	0.22
	吴泾	4.11	1974 年 8 月 20 日	七月初三	4.27	3:25	0.16
	闸港	3.98	1962 年 8 月 2 日	七月初三	4.24	3:15	0.26
苏州河	曹家渡	4.18	1974 年 8 月 20 日	七月初三	4.43	2:00	0.25
	北新泾	3.82	1957 年 7 月 4 日	六月初七	3.88	3:10	0.06
蕴藻浜	吴淞（蕴）	5.09	1962 年 8 月 2 日	七月初三	5.72	1:30	0.63
	·圹桥	4.14	1977 年 8 月 22 日	七月初八	4.56	2:10	0.42

注：＊为 1981 年 8 月 31 日 23:55 分；以下为 9 月 1 日 0:20 时起各站出现时分。

一是天文潮汛期间遭受台风影响。8114 号台风高潮发生时间正处在 9 月 1 日，农历八月初四，天文大潮期，当台风来临，对增水有利的风持续时间很长，大于 8 级风的起讫期为三天，实测最低气压为 986.7 百帕，加上台风在上海和浙江北部沿海海面推进速度缓慢，台风强度之大也是历次影响上海的台风中少见的，当台风稍离开影响区，沿海出现离岸风，增水迅速减小，致使浙闽沿海多数站出现大减水。

二是涨率大，来势猛。在黄浦江黄浦公园站，8 月 31 日 22 时潮位 1.91 米，到 9 月 1 日 1 时潮位涨到 5.12 米，三个小时涨了 3.21 米，平均每小时涨 1.07 米，最大涨率 1.28 米/时，风暴增水 1.24 米，最高潮位 5.22 米，超过历史记录。

黄浦江口吴淞站 8 月 31 日 21 时潮位 1.64 米，至 9 月 1 日 1 时潮位涨到 5.72 米，四个小时潮位涨了 4.08 米，平均每小时涨 1.02 米，最大涨率 1.59 米/时，风暴增水 1.59 米，最高潮位 5.74 米，超过历史记录。

三是最大增水出现时间比较有规律。黄浦江口，钱塘江口一带的潮位站，各站的最大增水出现在台风移近该潮位站的同一纬度。由于台风范围大，吴淞到镇海接近于同一条经线，都受台风北半圆风场的影响，最大增水几乎同时发生，如表 2-11、图 2-5 所示。

2.2.4 纳潮措施与减灾情况

8114 号强台风到达上海时，上海市水文总站根据横沙站、外高桥站潮位涨

表 2－11　8114 号台风增水情况

站　　名	最　大　增　水			最　高　潮　位		
	增水值	时　间	潮高/厘米	潮高/厘米	时　间	增水值
吕　四	238	1 日 12:00	377	456	2 日 01:54	190
外 高 桥	158	1 日 0:00	527	564	2 日 01:54	136
吴　淞	188	1 日 0:00	509	574	1 日 01:15	159
黄浦公园	177	1 日 0:00	432	522	1 日 01:30	124
镇　海	159	1 日 0:00	482	497	3 日 0:50	155
宁　波	164	1 日 1:00	466	496	1 日 1:20	150
乍　浦	138	1 日 1:00	420	646	1 日 2:02	124

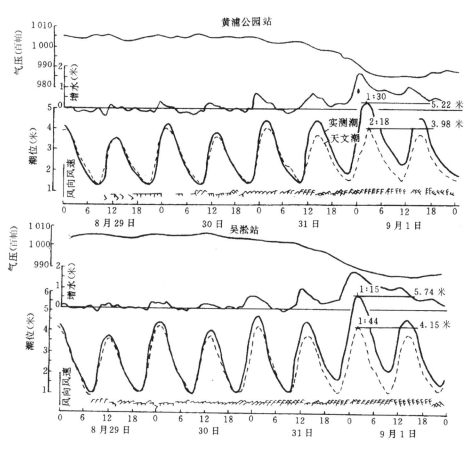

图 2－5　黄浦公园站、吴淞站 8114 号台风增水情况

率情况和黄浦公园潮位的相关关系,作预见期三小时的黄浦公园高高潮位补充预报为 5.30—5.40 米,与此同时上海航道局也作了补充预报为 5.30 米。

为防止可能出现潮水漫溢市区的事故,上海市政府决定,在 9 月 1 日凌晨 0—1 时,向浦东地区开闸引水纳潮,以降低沿江潮位,开启浦东沿江的高桥港、东沟港、西沟港、洋泾、张家浜、白莲泾、川扬河、大治河、金汇港等 9 条水闸纳潮,历时约 2 小时 30 分,如表 2-12 所示。

表 2-12　1981 年高桥港等水闸纳潮实况摘要

闸　名	纳　潮　过　程			其中　当 1:30 时情况	
	开闸/时分	关闸/时分	纳潮量/10⁸ 立方米	纳潮量/10⁸ 立方米	相应流量/立方米/秒
高桥港	0:50	2:30	49.0	19.6	81.7
东　沟	1:07	2:40	57.6	14.2	102.9
西　沟	0:45	2:30	52.0	22.3	82.6
洋　泾	0:30	2:30	59.5	29.8	82.8

按黄浦江非恒定流数学模型计算,1990 年 9 月市水利局与河海大学协作进行《浦东纳潮模型研究》课题,建立一维明渠非恒定流的基本方程组,采用四点线性隐式差分方法求解,通过对河道、湖荡和流域调蓄的模拟概化计算经实测水文资料率定参数,然后得出 1981 年 9 月 1 日潮位成果,如表 2-13 所示。

表 2-13　浦东纳潮模拟成果摘要

项　　目	拟合情况	比　较　操　作　方　案	
		A	B
无纳潮最高潮位/米	5.33	5.41	5.41
纳潮后最高潮位/米	5.22	5.25	5.31
削减值	0.11	0.15	0.09

注:方案 A 为河口以上各闸纳潮情况,方案 B 为杨思闸以上各闸纳潮情况。

黄浦公园站实际出现最高潮位为 5.22 米。由于沿江—开闸引水纳潮,使高潮位削减 9—15 厘米。

潮灾损失:据统计上海市有 63 家工厂、企业进水停产或部分停产;12 处港区和铁路南站、何家湾车站进水;2 400 多吨粮食和 227 吨食糖受潮;还有纸张、化工原料、日用百货、布匹、土产、杂货和进口设备受潮;有 6 处主塘和 32 处社队围垦的圩提决口,近 7 万亩农田受淹,170 多万亩棉花部分小铃和花蕾吹落,每亩约减产 15—20 斤,蔬菜损失 15.6 万担,严重影响 9 月份市场供应;6 790 多户居民和农户家里进水,吹倒吹坏房屋 7 000 多间、副业棚舍 16 000 多间及树木 600 多棵。

在 8114 号台风和暴潮袭击下,上海市人民在党和政府领导下奋力抗灾,采取纳潮措施后,基本上保证了市区安全,使严重灾害大为降低,转变为中等潮灾。

2.3　9711 号台风高潮的抬升原因分析

1997 年第 11 号台风在浙江温岭市登陆,上海遭受风暴潮的严峻影响,沿长江口、黄浦江等测站均出现了超历史记录的高潮位,并有 8—10 级大风和暴雨天气,由于市政府采取措施得力,防汛设施增强和预报及时准确,这次风暴潮基本上安全度过。

在 9711 号风影响期间,正值天文大潮,黄浦江苏州河口 8 月 10 日凌晨(农历七月十七日)高潮位达 5.72 米,创黄浦公园站自 1913 年以来的最高记录(超过历史记录 1981 年潮位 50 厘米);但是这次台风并未像历史上强台风那样,对上海正面袭击登陆,或边缘掠过,而是在距上海约 300 千米的温岭登陆,却发生了黄浦江潮位愈来愈高的趋势,值得令人思考和探索。

2.3.1　台风概况

1997 年第 11 号台风于 8 月 10 日 8 时生成于关岛东北偏东洋面上,即北纬 15.4 度、东经 153.8 度,当时中心气压 995 百帕,近中心最大风力 8 级(20 米/秒),朝西北偏西方向移动;12 日 20 时到达北纬 18.1 度、东经 144.8 度时发展到鼎盛时期,当时中心气压 920 百帕,近中心最大风力 16 级以上(60 米/秒),并继续向西北偏西方向移动,约在 17 日 20 时左右进入沿海防台第一警戒线,18 日 5 时左右进入第二警戒线,台风移动并略有一个北抬过程(见图 2-6),于 18 日晚 21 时 30 分在浙江温岭登陆,登陆时中心气压 955 百帕,近中心最大风速 40 米/秒,台风登陆后中心气压上升,近中心风力减弱,19 日 8 时降为强热带风暴,14 时降为热带风暴;20 日 5 时上海市热带风暴警报解除。

9711 号台风的特点是:

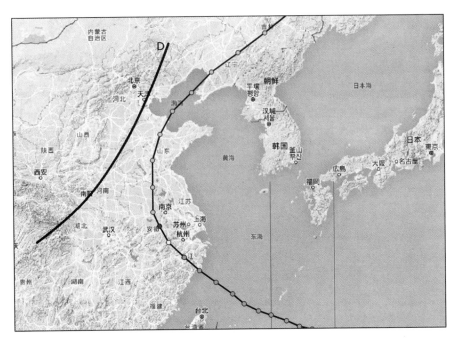

图 2 - 6   在温岭登陆的 9711 号台风路径

(1) 当台风中心逼近温岭时,其外围风圈几乎控制了整个东中国海,台风 8 级风圈在 550 千米以上,范围较大。

(2) 台风登陆过程维持了一段相当长的时间,登陆时中心气压为 955 百帕,近中心风力 12 级以上,长江口横沙站 7 级以上东北大风持续了 20 个小时,芦潮港站 18 日 23:28 最大风速达 38 米/秒(12 级以上),风向为东北东。

(3) 台风并伴有暴雨。台风登陆前夕,沿海各地普降暴雨,长江口外高桥站 24 小时雨量达 150 毫米,属大暴雨强度。上海市各区县日雨量均达到 50 毫米以上(见表 2 - 14)。

表 2 - 14   9711 号台风影响上海的风力、雨量摘要

站名	18 日 8 时—19 日 8 时阵风风力			最大风时的风向	二天累积雨量/毫米
	时分	风速/米/秒	风力/级		
龙华	20:29	26	10	东北东	92.1
宝山	21:04	25	10	东北东	153.1
闵行	19:27	27	10	东北东	91.9
嘉定	22:04	19	8	东北东	78.9

（续表）

站名	18日8时—19日8时阵风风力			最大风时的风向	二天累积雨量/毫米
	时分	风速/米/秒	风力/级		
川沙	21:26	26	10	东北东	143.9
南汇	19:35	27	10	偏东	129.0
奉贤	20:25	24	9	偏东	85.9
松江	19:23	28	10	偏东	73.8
金山	19:10	28	10	偏东	84.8
青浦	15:01	24	9	东南	64.4
崇明	2:18	29	11	东北东	170.5

2.3.2 黄浦江高潮特征

黄浦江高潮具有以下三个主要特征：

（1）风暴潮过程历时长。8月16日台风中心远离本市千里之外，影响长江口区出现东北风，在长浪和迎岸风的共同作用下，16日子潮增水56厘米，随着台风临近，黄浦公园站最大增水出现在19日凌晨，为149厘米，过程的最近一次增水62厘米，9711号台风风暴增水大于50厘米有3天多，7个潮次，台风影响过程历时之长居历次台风之首（8114号台风影响5个潮次）。

（2）台风登陆前后，浅海的增水效应。由于风暴中心在向岸传布过程中，因水深变浅和海底的反射影响，波幅剧增，当风暴过境时波峰逼岸，加之强风对海岸的水体堆积，继续造成海面暴涨。风暴潮的浅水效应，不仅能使潮幅增大，而且能使高潮时间提前。以长江口外大戢山为例，当天的实测高潮时间21:45，比天文高潮提前50分钟。

（3）海面强风是主宰浅海风暴的关键因子，但台风的气旋系统对海面的静压效应引起的增水也不能忽略。图2-7反映了9711号台风中心移动过程中本市气压呈漏斗形变化，过程气压下降十几个百帕，最低气压出现在极值增水附近。

9711号台风影响上海期间，适逢农历七月半天文大潮，风潮遭遇，使沿杭州湾、长江口、黄浦江干流各水文站潮位均超历史记录，杭州湾沿岸各站潮位超42—64厘米，长江口沿岸各站潮位超13—36厘米，黄浦江干流各站潮位超24—50厘米，上海沿海、沿江、沿河潮位之高实为罕见（见表2-15）。

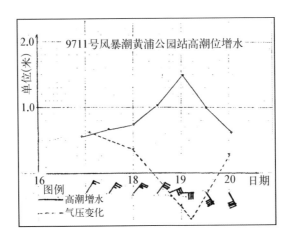

图 2-7 9711 号台风暴潮黄浦公园站高潮位增水过程

表 2-15 9711 号台风影响期间各站的最高潮位情况

| 站名 | 历史记录 | | 9711 号台风期间最高潮位 | | | | 超值 /厘米 | 潮位资料年限 |
	潮位 /米	年份	月 日	潮 时	潮位/米			
横沙	5.52	1981	8 月 18 日	23:00	5.65		+13	1963—1997
高桥	5.64	1981	8 月 18 日	23:28	5.99		+35	1951—1997
堡镇	5.67	1981	8 月 19 日	0:00	6.03		+36	1956—1997
吴淞	5.74	1981	8 月 18 日	23:45	5.99		+25	1912—1937 1944—1997
黄浦公园	5.22	1981	8 月 19 日	0:20	5.72		+50	1913—1997
建源码头	4.89	1981	8 月 19 日	0:30	5.38		+49	1914—1937 1948—1997
吴泾	4.43	1996	8 月 19 日	0:50	4.82		+39	1958—1997
闸港	4.41	1996	8 月 19 日	1:00	4.81		+40	1953—1997
米市渡	4.03	1996	8 月 19 日	2:50	4.27		+24	1916—1937 1948—1997
夏字圩	3.87	1989	8 月 19 日	3:15	3.93		+6	1954—1997
大泖港	3.94	1996	8 月 19 日	2:50	4.20		+26	1956—1997
洙泾	3.79	1993	8 月 19 日	3:30	4.07		+28	1953—1997
芦潮港	5.26	1974	8 月 19 日	1:10	5.68		+42	1977—1997

（续表）

站名	历史记录		9711 号台风期间最高潮位				超值 /厘米	潮位资料年限
	潮位 /米	年份	月　日	潮　时	潮位/米			
金山嘴	5.93	1974	8 月 19 日	0:40	6.57		+64	1952—1997
金山石化	6.17	1994	8 月 19 日	0:20	6.78		+61	1980—1997

注：＊1981 年后为大治河西闸（闸外）。

黄浦公园站在 1913—1979 年的 68 年中,其系列实测最高潮位 4.98 米 (1974 年),从未超过 5 米,但 1981 年风暴潮位 5.22 米较前系列抬高 0.24 米,而 1997 年出现 5.72 米,较前 68 年系列抬高 0.74 米,抬高幅度较大,对市中心区 的影响较为严重。

综上所述,1997 年风暴潮对黄浦江潮位的作用,以市中心区影响最为严重, 上游段影响次之,上游段原堤防标准较低,造成灾害相对严重。

2.3.3　黄浦江潮位抬升原因分析

1997 年 11 号台风并未像历史上强台风那样,对上海正面袭击、在附近登陆 或从边缘掠过,而是在距上海 300 余公里的温岭登陆,但仍造成了黄浦公园站的 最高潮位(见表 2-6)。

表 2-6 显示,在 20 世纪 80 年代前,台风中心至上海距离(Lo)在 0—200 千 米范围内、造成黄浦公园站最高潮位达 4.9 米以上,而 90 年代后 Lo 为 300— 640 千米,其潮位却能达到 5.0 米。

究竟是自然因素的台风越来越强,还是人为因素诱导潮位越来越高,兹初步 分析如下:

1) 长江河口演变的影响

20 世纪 60 年代前长江河口的起点原在江阴(起点以上河床变动基本上不 对下游段产生直接影响),从江阴至东海鸡骨礁全长 225 千米,1948—1961 年间 海通沙和江心沙围垦成陆,将徐六泾原河面宽 13.0 千米缩窄为 5.0 千米,于是 控制起点移到徐六泾。从徐六泾至鸡骨礁河长为 145 千米,原河口长度约缩短 了 36％,加上 1949 年以来多次围垦,原河口水面积约减少 900 平方千米,与现 有河口水面积为 4 000 平方千米相较,河口水面积相对削减约 18％。

假设河口口外涨潮的能量不变,与口内的容潮量不相适应,势必导致河口地区的潮位呈趋势性抬升。据1984年《黄浦江潮位分析》报告:"即使长江口南支自徐六泾至石洞口将河道缩窄至6—7千米,吴淞口高潮位也只抬高约15厘米。"现经9711号台风高潮的实况证明,自徐六泾河道缩窄后30多年内,河口水面积减少,加上北支潮水倒灌,河道演变的滞后效应明显。当长江洪峰遭遇热带气旋时,关于吴淞站高潮位的影响问题,应用长江一维河道数学模型,经9711号台风(8月17—19日)实测资料验证,然后进行遭遇组合计算,即上边界长江大通站采用1998年洪水(8.00万立方米/秒)时水位,下边界横沙站仍用9711号台风期间(即上游大通4.20万立方米/秒)潮位。演算推得吴淞站最高潮位为6.21米,比实测值5.99米,抬高0.22米。因此若按洪峰流量估算,当超过长江大通站洪峰流量4—5万立方米/秒以上时,平均每增加1万立方米/秒时,引起增水约0.058米。

2) 黄浦江上游河道变动的影响

黄浦江是太湖流域的主要泄洪河道之一,上游米市渡以上由拦路港、园泄泾和大泖港三大支流组成,1991年太湖流域遭遇洪水后,开通太浦河,又等于增加一大支流,增加泄流能力。

据吴淞、黄浦公园等8站近10年的高潮位比较,淀峰以上仍为太湖洪水的相应最高记录,泖甸以下均为长江口高潮的相应最高记录,因此洪潮交叉点已推进到泖甸附近,即较太浦河开通前的感潮区潮流界估计相对上移20千米左右,如表2-16所示。

表2-16   太湖流域与黄浦江主要站最高潮位摘要   (单位:米)

类别		年份	太湖湖区	平望	泖甸	米市渡	黄浦公园	吴淞
历史记录								
洪　水		1954	4.65	4.35	3.63	3.80	4.65	—
风暴潮		1981	—	—	2.70	3.30	5.22	5.74
近10年记录								
洪　水		1991	4.79	4.11	3.74	3.85	4.78	—
		1993	4.51	4.31	3.71	3.96	4.79	—
		1999	4.97	4.39	4.04	4.12	4.68	—
风暴潮		1989	—	3.95	3.78	3.86	5.04	5.35
		1992	—	3.35	3.66	3.92	5.04	5.26

（续表）

类别	年份	太湖湖区	平望	泖甸	米市渡	黄浦公园	吴淞
	1996	—	3.80	—	4.03	5.19	5.47
	1997	—	3.77	3.75	4.27	5.72	5.99
	2005	—	3.72	—	4.38	4.94	5.04

注：站名下数据为该站至黄浦江河口的距离（千米）。

太浦河工程既是太湖流域的新辟排水通道，又是向上海供水的水源，还兼有通航之利；但是也为潮流上溯改变条件，使感潮区潮流界相对上移，带来自下而上水位抬升的副作用。红旗塘开通后，对感潮区潮流变化也起着同样的影响。

3）沿江支流水闸的影响

黄浦江两岸支流约有 50 余条，从吴淞口进入的涨潮量有相当大一部分容蓄于支流河网中。20 世纪 50 年代初期，据有关单位最早估计，干、支河槽容蓄量的比值约为 1∶1，60 年代又研究提出估算为 1∶0.7。70 年代到 90 年代，沿黄浦江支流 95％已建水闸，干、支河槽容量的比值，可能降到 1∶0.3 左右。当台风高潮时，沿江水闸关闸挡潮，将使原河槽容蓄量削减约三分之一，势必对沿江水位有不同程度的抬升。

例如，支流苏州河的进潮量约占黄浦江干流的 2％—3％。有关单位估计在同样条件下，苏州河闸桥工程在高潮时关闸，将会发生闸下水位壅高现象，使黄浦公园站水位有所增升。

黄浦江沿岸支流建闸控制，为支流境内的工厂、企业和农村等，提供防洪、排涝和供水的重要作用，但是支流河网不再承担纳潮调蓄，带来沿江水位壅高的副作用。

4）沿江泵站排水的影响

上海的市政排水泵站，在 20 世纪 60 年代市区总排水能力约 200 立方米/秒，90 年代已近 1 000 立方米/秒，提高近 5 倍，是解决市中心区暴雨积水的重要措施。分布在郊县（区）的水利排涝泵站主要为农田水利服务，60 年代前的排涝能力不足 100 立方米/秒，90 年代的排涝能力约为 800 立方米/秒，增长较快。

因此在台风暴雨期间，沿黄浦江两岸的泵站若同步排水，也是潮位抬升的因素之一。据直排黄浦江的泵站资料统计，沿江市政泵站的排水能力为 225 立方米/秒，沿江水利排涝泵站为 55 立方米/秒，两者合计排水能力达 280 立方米/

秒,假定按 60%泵站同步操作,以开启 4 小时计,估计排水量约占进潮量的 2%,对黄浦江局部江段水位抬升也有一定影响,但是若泵站合理调度,避开高峰排水,也可减轻黄浦江高潮位压力。

5) 沿江码头等构筑物的影响

黄浦江两岸的码头泊位众多,20 世纪 60 年代码头泊位 109 个,码头线总长 11 千米,到 90 年代发展迅速,码头泊位达 1 000 余个,码头线总长 60 余千米,分别增长近 10 倍和 6 倍。这些码头构筑物主要为管桩和板梁组成,平常潮位时,它对水流影响很小,但遇高潮位时,水面接近或超过板梁底部高程时,其阻水的副作用显著,并且码头泊位占有黄浦江长度的 30%,对水位抬升的影响不应忽视。

6) 其他方面的影响

新中国成立迄今 60 余年间,黄浦江航道高桥段、鳗鲤嘴等整治工程,长江口在南港北槽的深水航道工程,对航运事业大为提高,而水情影响有所改善。

关于海平面上升对上海地区潮位影响,根据《海平面上升对上海影响及对策研究》总报告:吴淞站 1961—1993 年平均上升值为 2.0 毫米(0.002 米/年)。经研究估算,到 2010 年的上升累计值为 4 厘米(即 0.04 米)。因此,1997 年与 1993 年相距 5 年,海平面上升累积约 1 厘米(即 0.01 米)。

2.3.4　潮位趋势性抬升的危害

近十多年来,世界各地的洪水、干旱和台风等极端天气频频出现,造成严重灾害。气候异常是灾害的主要因素,而人们在改变环境、取得兴利减灾效益的同时,也带来潜在的副作用,出现新灾害形式,亦是不可忽视的因素之一。近年来国外一些洪水研究资料反映了由于当地环境改变所带来的影响问题。例如,加拿大红河 1920—1980 年的水文资料显示,在前 28 年中不曾有一次洪水超过最大流量 820 立方米/秒,而后 33 年中却发生了 15 次;美国圣克鲁斯河 1915—1984 年的资料显示,在后 23 年发生多次超过历史记录情况,这说明人为因素已经不断地影响自然环境的状态。

世界各地的沿海海岸河口地区,同样出现由于水环境的改变导致潮位的趋势性抬升问题,例如德国下萨克森海岸据 60 余年的资料分析得出高潮水位每百年上升 27 厘米,英国伦敦据 100 余年资料分析得出近百年来潮位升高约 2 英尺(61 厘米)等,并且仍将处于可能发生的风暴潮威胁之中。

上海市中心城区地面高程一般在 3.0—4.0 米,其中约有 1/4 面积低于 3.0

米,最低处仅 2.3 米,汛期(6—9 月)黄浦江大潮平均在 4.0—4.5 米,约高出地面 0.5—1.5 米。据《上海市区黄浦江防汛墙沉降规律研究》显示:1994—2004 年外滩防汛墙(自北京东路至新开河路)年均沉降速率 27 毫米/年。显然沿江防汛墙沉降量较大,值得引起注意,若今后沿江潮位趋势性抬升加剧,而黄浦江最高潮位将高出地面 2.0—2.5 米以上,对"碟形"洼地构成的威胁更为严峻。

2.4　0509 号与 1323 号台风影响
黄浦江上游水位增高的探讨

2005 年第 0509 号台风"麦莎"于 8 月 5 日起影响上海,6 日凌晨台风在浙江玉环登陆,7 日晨(农历七月初三)上海出现 8—10 级风力,并伴有暴雨和特大暴雨,恰遇天文大潮,吴淞站最高潮位 5.04 米(台风增水 0.69 米),而上游米市渡水位达 4.38 米。黄浦江出现一个与历次台风影响不同的变化,即下游高潮位较低,而上游水位很高。

2013 年第 1323 号强台风"菲特",于 10 月 7 日在福建福鼎沙埕镇登陆,最大风力为 14 级,登陆后迅速减弱;上海市区出现 6—7 级阵风,上海全市和杭嘉湖区普降暴雨到特大暴雨,恰逢天文大潮,吴淞站最高潮位 5.15 米(台风增水 0.87 米),而上游米市渡站水位达 4.61 米,又创历史记录,黄浦江又出现一个与历次台风影响不同的水情变化。

现就这两次台风影响造成上游水位增高的原因,作进一步探讨。

2.4.1　0509 号台风影响黄浦江米市渡站水位增高的原因简析

黄浦江上游水位持续抬升,是"麦莎"台风影响,突破历史最高水位的原因是什么? 从水文分析和水力计算方法 MIKE11 模型简析如下:

MIKE11 是丹麦水力研究所(DHI)研制的一维河渠模拟程序包,该模型有河流水网水力学、流域降雨径流模拟、泥沙运输和水质分析等多种功能模块,并可与 DHI 其他分析模型交互运用(图形用户界面友好);MIKE11 与 MIKE-GIS 地理信息系统的联合运用,提供了自成体系的应用环境。该模型基于垂向积分的质量和动量守恒方程即圣维南方程组建立。方程组用隐式有限差分法离散,用追赶法求解。求解方法同时适用于树枝状和环状水系。计算网格布置为交叉网格方式(交替水位点和流量点)。MIKE11 算法可靠,计算稳定,界面友好,前后处理方便,对水工构筑物的模拟具有较强的功能,无论是有规律,还是受人为影响的运行方式,只要有记录,都能够完全地在模型中反映。将闸门的运行规则输入到MIKE11的河网编辑器中,模型就可以真实地反映闸门的运行对水动力的影响。

模型所用的一维非恒定流动方程组如下:

$$\frac{\partial Z}{\partial t} + \frac{1}{B}\frac{\partial Q}{\partial x} = q \tag{1}$$

$$\frac{\partial Q}{\partial x} + 2\mu\frac{\partial Q}{\partial x} + gA\frac{\partial Z}{\partial x} - u^2\frac{\partial A}{\partial x} - g\frac{|Q|Q}{C^2R} - qi(\mu - \mu 0) = 0 \tag{2}$$

式中:$Z(x, t)$——断面平均水位(米);

　　　$Q(x, t)$——断面流量(立方米/秒);

　　　$A(x, t)$——断面面积(平方米);

　　　$u(x, t)$——断面平均流速(米/秒);

　　　C——谢才系数;

　　　qi——单位河长上的支流流量。

水流初始条件:$t = 0$, $Z(X, 0) = 3.0\,m$; $Q(x, 0) = 0$.

边界条件:采用 2005 年 8 月 1 日至 31 日的实测数据。

模型范围为北至长江,南至杭州湾沿线,东至东海海岸沿线,西至江苏太湖瓜泾口。模型的边界设在有实测点的地方,包括:苏州河上游太湖(瓜泾口)、拦路港(淀峰)、红旗塘(平湖)和太浦河(平望水文站)、浏河口、吴淞口及杭州湾沿线等(河网概化图略)。

模型计算表明,MIKE11 的计算结果与实测资料比较符合,误差较小。经模型分析,对上游潮位抬升原因的要点如下:

(1)水利工程的影响。黄浦江防汛墙和太浦河建成后,黄浦江中下游支流水闸不再纳潮,沿江水位普遍抬升。为了解水闸调度的影响,模拟了在沙港以上的巨潮港、北泖泾、大涨泾、油墩港、华田泾等水闸假定全开时对潮位的作用;计算结果表明,使米市渡水位可以降低 0.08—0.10 米。

(2)上游太湖水位的影响。经模拟台风期间的黄浦江太湖边界的水位,采用前期(8 月 5 日未发生区间暴雨时)的实测水位和流量来进行计算,则米市渡站水位将下降 0.13 米。

(3)优势涨潮流的影响。松浦大桥一般都是落潮流占优势,所谓优势比即涨潮量/(涨潮量+落潮量)为<0.5。在"麦莎"台风期间,其中 5—8 日,涨潮流的优势比为>0.5 以上。太湖平望站出现倒流(即涨潮流),其中 8 日最大负流量为 220 立方米/秒,致平望站累涨 0.7 米,米市渡水位同样急剧增高。

（4）区域暴雨的影响。在米市渡及周边地区三天雨量在 200 毫米左右,其中 8 小时降雨达到 123 毫米,经模拟该次实测水位流量过程,在其他条件不变下,假定没有暴雨的情况,米市渡站最高潮位将下降 0.30 米。

综上分析,"麦莎"台风影响期间,黄浦江上游地区出现超历史最高水位是由多种原因造成的。除了风暴潮增水和上游太湖来水等自然因素外,与黄浦江上游地区水环境变化有关。

2.4.2　0509 号与 1323 号台风影响米市渡水位增高的综合分析

现将 0509 号"麦莎"与 1323 号"菲特"台风的风、雨、潮与水情等概况如表 2 - 17 所示。

表 2 - 17　0509 号与 1323 号台风影响上海简况

项目	0509 号"麦莎"台风	1323 号"菲特"台风
路径	8 月 6 日在玉环陆,最大风力 14 级,向西北移动,7 日减弱后经山东出海	10 月 7 日在福鼎登陆,最大风力 14 级,11 时停编报,残留云系持续到 9 日
风力	6 日影响上海 8—10 级大风连续 25 小时	6 日影响上海 6—7 级阵风,沿海 7—8 级,历时长达 63 小时
雨情	6 日 8 时至 7 日 8 时,单站最大雨量 234.4 毫米(奉贤青村)。区(县)10 站日雨量在 106—224 毫米,均值 151.9 毫米	7 日 12 时至 8 日 12 时,单站最大雨量 332 毫米(松江洞泾)。区(县)10 站日雨量在 94—216 毫米,均值 173.6 毫米
潮汛	8 月 7 日即七月初三正值天文大潮	10 月 6 日即九月初二正值天文大潮前夕
水情 (上海)	8 月 7 日最高水位 吴淞　　　5.04 米 黄浦公园　4.94 米 米市渡　　4.38 米 平望　　　3.61 米	10 月 8 日最高水位 吴淞　　　5.15 米 黄浦公园　5.17 米 米市渡　　4.61 米 平望　　　3.72 米
水情 (邻省)	8 月最高水位 太湖湖区 3.61 米(8 月 13 日) 杭嘉湖区嘉兴 3.62 米(8 月 8 日)	10 月最高水位 太湖湖区 3.79 米(10 月 15 日) 杭嘉湖区嘉兴 4.43 米(10 月 8 日)

从表 2 - 17 可以看出两次台风影响各有异同点,综合分析如下:

（1）台风暴雨是上游水位增高的主要威胁。据《上海市暴雨普查资料》,对上海市发生暴雨的天气类型统计,由静止锋、冷锋等产生暴雨的约占 60%,由台风型(含台风倒槽、台风切变等)占 23%,其他类型占 17%,其中以台风型暴雨强度大,雨量多,造成洪涝灾害最为严重。

由表 2-18 知,0509 号"麦莎"与 1323 号"菲特"台风的雨量都具有特大暴雨性质,尤以"菲特"台风暴雨为甚。"菲特"台风在 10 月 7 日 11 时减弱的残留云系,乃留有大量水汽,同时冷空气南下,及 24 号"丹娜丝"台风的共同影响,至 8 日 2 时至 8 时,使得冷空气降雨云团在上海高空稳定少动,从而形成该次大范围、高强度、长历时的暴雨过程。

表 2-18　0509 号与 1323 号台风影响上海的暴雨简况　　（单位：毫米）

站　　名	0509 号"麦莎"台风雨		1323 号"菲特"台风雨	
	一　日	三　日	一　日	三　日
金　　山	156	218	115	208
松　　江	126	190	217	296
青　　浦	122	155	180	237
奉　　贤	181	228	122	197
闵　　行	160	218	188	258
浦　东*	195	240	94	175
宝　　山	155	241	212	282
嘉　　定	123	171	216	258
崇　　明	106	192	191	234
徐 家 汇	201	303.8	202	260.8
均　　值	151.9	215.4	173.6	240.6

注：＊浦东新区雨量,已将 0509 号台风南汇雨量并入浦东新区内。

再从暴雨过程观察,两次台风最大日雨量都与最高水位同步发生,有良好的对应关系,其增水值与暴雨时间上响应约落后 4 小时左右,因此米市渡最高水位的增水 1.26 米是有区域强暴雨为主所产生的。

(2) 杭嘉湖洪水对上游水位增高影响显著。特别是"菲特"台风暴雨,杭嘉湖区的暴雨中心与软城站最大 1 日雨量达 295 毫米,嘉兴站为 199 毫米,全区平均日雨量为 194.5 毫米,超过上海地区日雨量,致使杭嘉湖区平原水网水位暴涨。10 月 8 日嘉兴站最高水位达 4.43 米,超过历史水位 0.06 米,并且连续 5 天一直居高不下,杭嘉湖区来水是上游米市渡站水位增高的组成部分之一。

现据 2006—2013 年汛期各月最高水位资料,建立嘉兴与米市渡站的相关关系(见图 2-8),其相关系数为 0.85,较为显著,证明杭嘉湖来水为黄浦江上游水位抬升的重要因素。

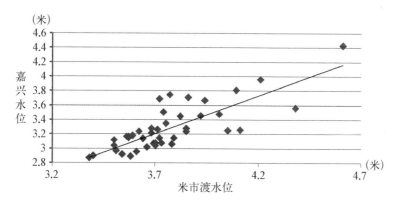

图 2-8　嘉兴站与米市渡站水位相关线

(3)台风暴潮仍能维持上游水位抬升的强劲作用。黄浦江是湖源型的潮汐河流,潮流与径流组成往复水流的特性,两者相互消长。呈现潮流为主体的控制条件有三,以"菲特"台风影响分析:一是进潮流量决定于河口高潮位潮差的大小,吴淞最高潮位出现在 10 月 8 日 13:56 分。二是径流量,它虽削弱涨潮流,但又增强落潮流;是由当地区域暴雨与杭嘉湖区来水混合组成,以暴雨过程为指标,其降雨过程 10 月 6 日 0:00 至 9 日 0:00 结束;三是河床容积有关,米市渡站以上为河网湖荡地区,以下为黄浦江干流河道,河槽容蓄量巨大,能使潮流顺利上溯,也能使径流调节下泄,具有较大的调节功能条件。

表 2-19　2013 年 10 月 8 日黄浦江最高潮位情况

源　　流	上　游　区		河　口
	时　分	潮位/米	
太湖湖区 (21:00,3.5 米) 杭嘉湖(嘉兴站) (21:00,4.43 米)	夏字圩*　16:15 三角度*　16:15 泖港站*　16:10	4.37 4.4 4.5	吴淞口站 (13:56, 5.15 米)
	米市渡　16:05	4.61	

注:*为米市渡以上 3 支流的测站。

从表 2-19 知,米市渡站的最高潮位比吴淞落后 2 小时,而比嘉兴提前 5 小时,说明米市渡站最高潮位为涨潮流所控制。同时在米市渡发生平潮时间为 8 日 12 时,恰恰为区域暴雨 24 小时达 188.7 毫米的结束时间,即参与抬升高潮的开端。这样,在潮流增水与暴雨增水的共同作用下,使米市渡的增水值达 1.26 米。可见,米市渡站潮位过程呈现异常情况,是由台风高潮、区域暴雨和杭嘉湖区来水等相继组成时,存在一定的时间差,而潮流占先出现仍能维持上游水位抬升的强劲作用。

2.4.3　米市渡站水位趋势性抬升的系统分析

米市渡站是黄浦江干流的重要代表站,它受太湖洪水下泄和河口潮汐上溯的综合影响。现对米市渡站以 1954—2013 年资料为样本,进行年最高潮位频率分析,并绘制该站多年最高潮位过程线,如图 2-9 所示。

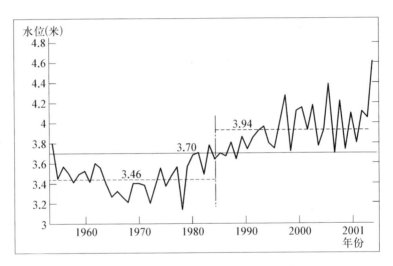

图 2-9　米市渡站年最高潮位序位分布

从图 2-9 可看出 1984 年是趋势转折年份,潮位抬升明显。因此选择了趋势性抬升显著的 1991 年前后年份进行计算比较,采用多元相关法和非恒定流数学模型。同时,按 1984 年分段,取 30 年系列的频率对比分析。

1) 建立多元回归方程

利用水利工程建成前后变化较为明显的 1989 年和 1993 年汛期(5—9 月)资料,由太湖流域的瓜泾口($X_瓜$)、平望($X_平$)、嘉兴($X_嘉$)三站日平均水位和下游河口吴淞($X_吴$)高潮位作为参变数,推得米市渡(Y_{89}, Y_{93})高潮位的相关式:

$Y_{89} = -0.103 - 0.020\ X_瓜 - 0.046X_平 + 0.533\ X_嘉 + 0.453\ X_吴$,和 $Y_{93} =$

$-0.227 + 0.187\,X_瓜 - 0.111\,X_平 + 0.483\,1\,X_嘉 + 0.423\,X_吴$；其相关系数 $R_{89} = 0.99$，$R_{93} = 0.97$。验算时，将介于 1989 和 1993 年之间的 1991 年实测相应站水位，分别代人 Y_{89}、Y_{93} 计算，推得米市渡站 1993 年水位已比 1989 年抬高 0.10 米。

2）数学模型演算

据黄浦江河口吴淞站与上游淀山湖沿岸等站为上、下边界条件，建立一维非恒定流数学模型计算，率定资料应用 1984 年 8 月和 1990 年 8 月等，代表 1991 年时的工情条件，对比资料选择 1954 年 8 月 17 日和 1981 年 9 月 1 日，代表过去历史的风暴潮和洪水情况。经演算，米市渡站约抬高 0.09—0.21 米。

3）同频率对比法

按照频率计算的规定，资料必须符合一致性要求，但在平原地区的水位，由于河道变迁，工情影响的原因，难以"还原"处理。因此，采取水位划分为前期与近期系列，分别进行频率计算，然后选择同频率的水位作对比评估。现据米市渡站的年最高水位资料，分成前期（1954—1983 年）和近期（1984—2013 年）两段，作频率分析并绘制频率曲线（图略），推得近期水位已较前期水位约抬升 0.40—0.50 米的情况。

经上述计算分析，黄浦江水位呈现趋势性抬升，特别是在米市渡河段，有增无减，最为显著。其原因有：① 自 20 世纪 60 年代起沿黄浦江兴建防汛墙和水闸；② 上海郊县自 70 年代末起，在留有上游排水通道的前提下，建立水利分区综合治理的控制区；③ 太湖流域综合治理工程已全面实施，在 1995 年太浦河工程全线开通等影响。以上各项工程在抗御洪潮灾害中，发挥了巨大的作用，保证了人民生命财产的安全，具有显著效益。同时，由于这些工程的建成，使黄浦江河网调蓄库容削减，潮流界及感潮区相对上移，因而造成米市渡水位不断抬升，其根本原因为水环境条件的变化。

2.4.4　小结

"麦莎"与"菲特"台风影响期间，黄浦江上游米市渡站相继出现超历史记录的最高水位，这是由于台风暴雨、高潮和上游（杭嘉湖为主）洪水相遭遇的自然因素所形成。

1991 年 7 月太湖洪水，炸开红旗塘大坝、钱盛荡坝打通放水，同年 10 月启动太浦河建设等治太工程，取得了预期的防洪减灾的效益。但后 20 年间，人为因素亦显著影响水环境变化，潮流强劲上溯，洪流长驱下泄，交汇在米市渡一带，

"麦莎"与"菲特"台风相继突破历史记录,是值得深思的实例。

2.5 1211号台风影响汛情特点与数值模拟分析

2012年汛期(6—9月),上海连续遭受了5场台风影响,分别是1209号"苏拉"、1210号"达维"、1211号"海葵"、1214号"天秤"、1215号"布拉万",其中1211号"海葵"台风影响最大,造成上海的暴雨、高潮等灾害的发生,现结合现状环境作汛情特点分析,并参照历史灾情作数值模拟分析。

2.5.1 "海葵"台风简介

2012年第11号台风"海葵"生成于日本岛东南的西太平洋洋面,并在浙江沿海登陆,是近几年来影响上海较为严重的台风之一。"海葵"于2012年8月8日凌晨3时20分在象山县鹤浦镇登陆,登陆时近中心最大风力14级,此时杭州湾逐渐进入其10级风圈影响范围内。登陆后"海葵"向西北方向缓慢移动,其中心于8日下午14时左右到达绍兴、杭州地区,造成浙江省严重洪涝灾害,直接经济损失达236.3亿元,最大日雨量达644.4毫米(安吉县董岭)。可见,"海葵"台风主要侵袭浙江全境,上海处于台风涡旋区边缘。

2.5.2 "海葵"影响上海的汛情特点

在"海葵"台风的侵袭下,上海市区及沿海出现9—10级大风,并普降暴雨,暴雨中心在普陀区真南北路站,24小时雨量224.3毫米,同时沿海沿江出现台风暴潮增水0.76—1.20米,吴淞站最高潮位4.51米(增水0.95米),黄浦公园站为4.46米(增水0.94米),但均低于警戒水位;上游米市渡达4.05米,却超过警戒水位0.55米,8日晚台风减弱为热带风暴,向西方向进入安徽,9日晚消弱停编。

据统计,"海葵"台风影响上海的直接经济损失共6.64亿元,其中农林牧渔损失占91%;农作物受淹面积11 530公顷,损失林木近42万株;道路积水139条段,居民进水2万余户;此外,长途客运、铁路列车和机场航班等均告停运。

1)"海葵"台风与上海影响最大的两次台风比较

"海葵"台风所挟带的风雨潮3种自然因素,各有特点,与20年来历史上的9711号、0509号强台风比较如表2-20所示。

表 2‐20　"海葵"台风与历史强台风的汛情比较

类　别	项　目	9711 号台风	0509 号台风	1211 号台风
台风简况	台风登陆地点	浙江温岭	浙江玉环	浙江象山
	登陆后走向	转向北上	转向西北	向西移动
	农历时间	七月十七	七月初二	六月二十一
	距离上海公里数	300	330	200
	市区风力/级	8—10	8—10	9—10
水　情	最大日雨量/毫米	132	292	224
	吴淞最高潮位/米	5.99	5.04	4.51
	米市渡最高潮位/米	4.27	4.38	4.05
灾　情	直接经济损失/亿元	6.35*	13.58	6.64
	农田受灾/公顷	49 570	53 840	11 530

注：* 为当年价格，若据社会折现率计算，1997 年迄今 15 年，折算现值至少 9 亿元。

从表 2‐20 知，① 1211 号"海葵"台风未遇天文大潮期（农历六月中旬），黄浦江吴淞站潮位远低于 9711 号风暴潮的历史最高记录；②"海葵"台风虽挟带暴雨，最大日雨量略小于 0509 号台风，上游米市渡潮位亦低于 0509 号台风相应的历史最高潮位；③"海葵"台风不如前两次强台风的影响严重，但它的特殊性在于在象山登陆，距上海仅 200 千米，因此对上海的潜在影响值得关注。

2）黄浦江水位趋势性抬升显著

从 20 世纪 90 年代起，黄浦江沿江水位呈现逐步抬升问题，经初步分析，主要原因有：① 长江口整治，在徐六泾河段，将原河宽 13 千米缩窄为 6 千米；② 太湖综合整治工程，建成太浦河，将太湖与黄浦江直接连接，以利泄洪，但亦便于潮流上溯；③ 黄浦江两岸支流建闸控制，使河网不再纳潮，从而形成水位不断抬升，特别是上游河段，颇为显著，如表 2‐21 所示。

表 2‐21　黄浦江分段最高潮位落差概况

台风编号	最高潮位			吴—黄 ΔH_1	黄—米	
	吴淞/米	黄浦公园/米	米市渡/米		ΔH_2	均值/米
6207	5.31	4.76	3.60	0.55	1.16	1.43
7413	5.29	4.98	3.55	0.31	1.43	
8114	5.74	5.22	3.70	0.52	1.52	

（续表）

台风编号	最高潮位			吴—黄 ΔH_1	黄—米	
	吴淞/米	黄浦公园/米	米市渡/米		ΔH_2	均值/米
9711	5.99	5.72	4.27	0.27	1.45	1.43
0012	5.40	5.22	4.17	0.18	1.57	
0509	5.04	4.94	4.38	0.10	0.56	0.58
1210	4.92	4.71	3.94	0.21	0.77	
1211	4.51	4.46	4.05	0.05	0.41	

从表 2-21 知,在 2000 年以前吴淞与黄浦公园间落差(ΔH_1)在 0.18—0.55 米,而 2005 年以后的落差为 0.05—0.21 米,已反映水位变异情况。

同理,在 2000 年以前,黄浦公园与米市渡间的落差(ΔH_2)均超过 1 米以上,多年均值为 1.43 米,而 2005 年后的落差均值在 0.58 米,明显反映了近十年来黄浦江水环境的演变与水情密切相关。

3）应急转移对减灾的重要措施

上海历年来颇为重视防台减灾工作,特别是 2005 年起开展较大范围的群众转移工作,如表 2-22 所示。

表 2-22　上海防汛期群众转移情况

台风编号	月　　日	转移人次	备　　注
6207	8 月 2 日	9 000	杨浦区防汛墙失事后
8114	9 月 1 日	3 000	在浦东纳潮时
0509	8 月 9 日	216 000	着重一线海塘
1211	8 月 7 日	374 000	以一线海塘为主

从表 2-22 知,在 6207 号、8114 号台风期间,应急转移是较为被动的。如在 1962 年 8 月 2 日台风暴潮时,杨浦区防汛墙局部倒塌后,沿江被淹地段水深达到 1.8 米,迫使该地段 9 000 余名居民,紧急疏散撤离。

当 0509 号、1211 号台风侵袭期间,采取主动撤离转移,重点在沿江沿海一线海塘。

随着社会经济建设的发展,重要的工业企业单位向沿江沿海分布,如宝钢总厂、浦东机场、洋山港和金山石化厂等都在一线海塘内,人口便密集起来。在 2012 年 8 月 6 日晚,市防汛指挥部发布防台《紧急通知》后,有关区县在"海葵"

台风来临前,对一线海塘外作业施工人员、工地临房、租地农民工等实施专业安置,统计达到 37.4 万人次,及时救助避难,这是上海防汛史上规模最大一次群众转移措施。

实施有关群众转移措施,工作面广且有一定难度,各级政府及其工作人员承担着无限责任,因此亟须防汛部门研究制定有关执法条例,以进一步完善防汛体制。

2.5.3　风暴潮数值模拟与历史灾害分析

1) 模型设置及验证

基于长江口及邻近海域的二维风暴潮模型,通过更新水下地形、岸界资料等,使之适用于上海海域。该模型考虑径流、波浪、天文潮、风暴潮相互作用,包括三部分:风场模式、波浪模式和复合流场模式。其中风场模式由背景风场和台风场复合,台风场由藤田公式和宫崎正卫移行公式给出,背景风场采用 NCEP/NCAR 再分析产品;波浪模式采用 SWAN 模型;复合流场模式使用 ADI 差分格式,通过风应力、气压项与风场模式耦合,通过波浪的辐射应力与波浪模式耦合。

长江上游边界取到江阴,设置为径流边界;杭州湾边界取到澉浦、陶家路一线,设为开边界;外海同样设为开边界,东至 123°E,北至 32.5°N,南至 29.5°N。模型开边界采用水位强迫驱动,水位由 8 个分潮进行调和计算,即 M2、S2、K2、N2、K1、O1、P1、Q1,杭州湾开边界的调和常数由澉浦和陶家路实测资料插值而得,外海开边界调和常数来源为 TPXO 全球模式。底边界使用曼宁系数,并根据不同区域的底质作微调。模型的初始条件涉及水位和流速,由于它们对外界动力响应较快,初值均取为零。

使用上海海域两个潮位站(堡镇、芦潮港)2012 年 8 月潮汐表值对模型计算值进行天文潮验证,高低潮位的平均误差分别为 15 厘米和 22 厘米。由图 2 - 10 可

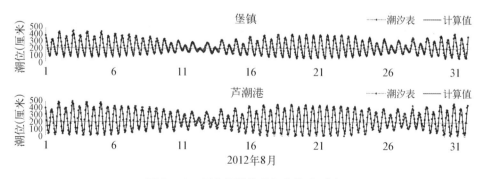

图 2 - 10　天文潮计算值与潮汐表对比

看出模型大潮期间天文潮位精度较好,小潮期间误差相对较大,整体吻合度较优。

选取 5 个台风风暴潮过程进行后报验证,使用模型计算台风登陆(或离大陆最近)前后 3—5 天的风暴潮水位,并使用逐小时水位资料进行相对误差统计。各台风风暴潮过程的水位平均相对误差小于 10%,具体结果如表 2-23 所示。

表 2-23　台风风暴潮水位平均相对误差统计

台风编号	后报时间段	台风路径类型	平均相对误差/%
7909	19790814-0818	近转向	5.9
9015	19900829-0903	南登陆北上转出	9.0
9711	19970817-0821	南登陆北上转出	9.2
0012	20000829-0902	近转向	7.2
0414	20040810-0813	南登陆	6.7

2)"海葵"风暴潮模拟及增水情况

使用前述上海海域二维风暴潮模型,计算"海葵"对上海邻近海域的风暴潮增水情况。如图 2-11 所示,堡镇、芦潮港两个站点的计算潮位与实测值的对比情况,可看出计算值与实测值吻合度良好。

图 2-11 中两个站点的增水曲线出现两个峰,第一个峰出现在"海葵"登陆

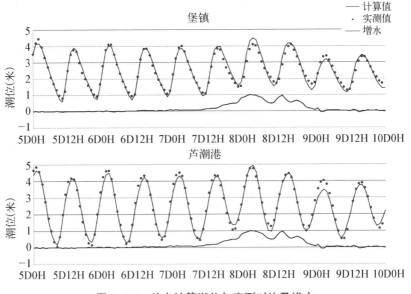

图 2-11　站点计算潮位与实测对比及增水

的 8 日凌晨,此时近中心最大风力达到 14 级,因此产生了一个增水峰。第二个峰出现在 8 日下午,此时"海葵"中心距离上海最近,此时台风虽然有所减弱,但由于距离更近,风力反而更大,故再次出现一个增水峰。

从表 2 - 24 知,长江口内外高桥、吴淞和杭州湾的芦潮港、金山卫同样是往西增水越大。

表 2 - 24　增水情况统计

项　目	吴　淞	外高桥	芦潮港	金山卫
高潮位风暴增水/厘米	112	107	102	165
实况增水/厘米	95	110	99	117
相对误差/%	18	3	3	41
最大风力/级	10	11	10	12

因此,"海葵"台风对上海沿江沿海有风力大,持续时间长的影响,而风力与增水亦有关联的。

3)"海葵"台风模拟"历史潮灾"分析

若以象山为中心,取半径 60 千米内(如宁波、定海、三门等)各处的台风登陆点,统称为"海葵"模式,自 1911—2012 年间,共计发生 15 次,平均为 6—7 年/次。其中较典型的风暴潮位 1956 年 12 号台风和 2012 年 11 号"海葵"台风。

以台风"海葵"的风力参数为基础,参照历史上对上海影响严重的强台风登陆路径情况,如 9711 号台风在温岭登陆的情况。情况 1 模拟强台风在象山登陆,并在登陆后转向北上,具体台风路径如图 2 - 12 所示;情况 2 模拟在上述路径条件下,将登陆时刻前移至 8 月 3 日的天文大潮期间。

通过数值模拟对"海葵"增水分

图 2 - 12　根据 9711 号台风的模拟路径示意图

析,并据 9711 号台风路径,考虑不同天文潮情况,推算而得表 2-25。

表 2-25　据 9711 号台风的模拟成果表

情况	项目	吴淞	外高桥	芦潮港	金山卫
模拟小潮期间	高潮位增水/米	2.08	1.98	1.43	2.02
	天文潮位/米	3.56	3.27	3.70	4.40
	模拟最高潮位/米	5.64	5.25	5.13	6.42
模拟大潮期间	高潮位增水/米	1.78	1.62	1.26	1.84
	天文潮位/米	4.54	4.43	4.85	5.42
	模拟最高潮位/米	6.32	6.05	6.11	7.26
历史记录	实测最高潮位/米	5.99	5.99	5.68	6.57
	发生年份	1997	1997	1997	1997

由表 2-25 知,在天文小潮期间的台风增水值大于天文大潮期间的增水值;但与相应的天文高潮位组合后,出现的最高潮位却较低。若台风恰与天文大潮期相遇,将造成河口海岸出现异常的高潮位。

1211 号"海葵"台风在距上海约 200 千米的象山登陆,经参照历史上 9711 号台风转向北上的路径;经数据模拟分析,若遭遇小潮期间,其最高潮位均未超过 9711 号台风暴潮位,但若遭遇大潮期间,其发生最高潮位将打破 9711 号台风暴潮的历史记录是可能的。

4) 评估"海葵"模式的潜在威胁

据《上海自然灾害史》记载,清代在象山登陆的台风约 3—4 次(有些记载欠详);其中最严重影响上海的为 1724 年 9 月 5 日(雍正二年七月十八日),该次台风登陆后转向北上,经上海向江苏盐城出海,如图 2-13 所示。

该次台风侵袭上海地区的崇明、金山沿海淹没民庐无算,如"崇明风潮海啸,平地水深数尺,沿海淹死男妇二千余口"(《崇明志》)。

该次台风带来的大到暴雨,覆盖约有 20 个县,杭州、嘉定田禾被淹,泰州淹没农田 8 万亩等。

该次台风暴潮冲决堤防 10 余县。例如镇海乡民避水者栖于屋脊,海宁的郭店等地桥梁无一存,余姚溺死二千余人。又如如皋市上行舟,盐城海潮直灌县城;东台沿海,冲毁"范公堤",水淹多处盐场,"溺死男女四万九千五百五十八口"(《东台志》)。

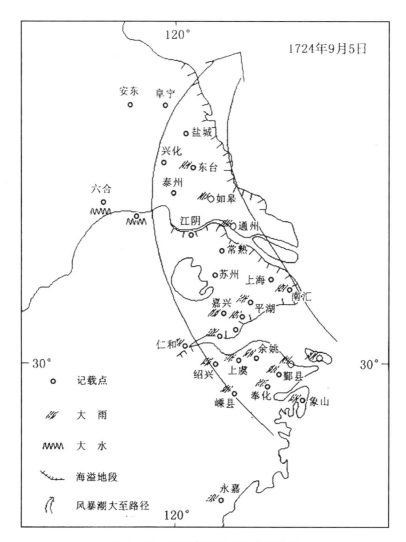

图 2-13　1724 年 9 月 5 日台风路径

可见"海葵"台风,以登陆象山为标志的强台风,若发生在朔望期间(农历初三或十八日),与天文大潮遭遇,并转向北上,挟带暴雨,将对上海造成严重灾害损失。因此,经上述对"海葵"台风转向北上路径应用数值模拟增水分析的结果,以 1724 年台风的实例,验证了"海葵"登陆模式过去对上海严重危害的事实依据,预示了未来对上海的潜在威胁。

2.5.4　小结

2012 年 8 月 7—8 日上海地区遭受"海葵"台风影响,以台风所拥有的自然因素为主,但也有人为因素的作用,如雨岛效应和潮位抬升等现象十分显著。在历年加强沿江沿海堤防工程的前提下,同时对一线海塘外的人员,实施紧急转移措施,可提高防台减灾的应付能力。

基于流-浪-潮耦合的风暴潮二维模式,建立一个上海海域风暴潮模型,并通过天文潮率定及历史上5次典型台风风暴潮的后报验证,证实该模型适用于上海海域风暴潮增水预测分析。应用该模型对近年影响上海较为严重的1211号台风"海葵"风暴潮进行数值模拟,其在上海海域增水产生两次峰值,第一次出现于台风登陆时,第二次出现于台风中心距上海最近时;同时,增水沿海岸由东向西逐渐增大。

应用数值模拟方法,参照上海历史上强台风情况,"海葵"台风在象山登陆后,转向北上的路径,维持同样的强度,若与天文大潮期遭遇,沿江沿海地区将发生异常高潮位,突破9711号台风暴潮的最高记录。并据1724年历史特大风暴潮旁证,可能对上海防汛安全存在极大潜在威胁。

2.6　居安思危,提高防洪能力

风暴潮灾害是影响上海城市安全的首要防御对象。风暴潮是台风大风影响(指风力6级以上)与气压骤降引起海面升高的现象,造成台风增水。台风增水与台风路径密切相关:一类是近海转向北上,例如8114号台风;二类是西行登陆浙江转向北上,例如9711号台风;三类是正面登陆上海,但发生次数较少,例如8913号台风。当台风登陆过程恰与天文大潮遭遇,则引起异常高潮,例如前述9711号台风发生在农历朔望期,河口吴淞最高潮位达5.99米,属严重风暴潮。若台风携带暴雨又与高潮相遇,如1323号台风,则形成黄浦江上游地区水位飙升,米市渡站最高潮位达4.61米。此外,台风增水亦与风速风向有关,当长江口外吹东北偏东到西北偏西范围内的风,对吴淞口增水达90%,而从南到西范围的风,影响增水甚小。

上海的水利建设,经过多年不懈的努力,初步建立了以海塘、防汛墙为主的防洪挡潮体系,以及围涂造地、河道整治等工程,这些工程在抗御1991年和1997年出现的历史最高洪潮中,发挥了巨大作用,避免了重大经济损失,保证了人民安全,经济效益和社会益显著;但是,从1997年台风高潮的抬升原因分析,主要是强台风侵袭的自然因素,但同时由于工情演变,对黄浦江的水情也有所影响。

新中国成立以来，为上海防洪减灾的安全需要，仅在防洪（潮）工程措施上，累计投入工程建设费用超过 400 亿元（据 2008 年统计，按折现值计），现有建成的工程规模，对发挥抗御洪潮灾害有显著作用。据《上海市防洪五十年减灾效益（1956—2005）》对上海市的防汛墙、海塘以及水闸等各类防洪工程等分析，其效益费用比（即总效益现值与总投资现值之比）为 15—30 之间，可评估为"很好—较好"，反映防洪工程投资效益非常显著。

从水环境变化考察黄浦江潮位抬升问题，特别是 1997 年台风风暴潮使沿江潮位出现超历史记录，潮位趋势性抬升将是防汛墙建设方案需重点关注的问题。为抵御特大风暴潮确保上海市中心区安全，因此建议：一是每年加强检查，及时维修（含局部大修或改建等）基础上，继续研究远期防汛墙建设标准，再次实施加固加高防汛墙方案。二是在黄浦江河口建闸，从上海城市发展环境来看，在黄浦江河口建闸的方案将是未来上海防洪减灾的重点研究方案。

第 3 章　上海暴雨危害

近年来世界上许多国家和地区出现了气候异常,降水就是其中之一,暴雨是上海主要灾害之一,暴雨及暴雨变化不仅受自然因素的控制,而且还受到人为因素的影响。

20 世纪 50 年代以后,上海曾发生"63.9""77.8"和"85.9"共 3 次特大暴雨,24 小时降雨量均在 380 毫米以上,其中,"77.8"暴雨达 581 毫米,创历史之最,上海地区遭受严重损失。随着上海城市化程度的提高,城市下垫面发生较大变化,市区热岛效应显著,受其综合影响,暴雨导致的道路积水问题近年来日益成为上海市区主要水害问题之一,道路积水同时又与城市排水措施密切相关,有待进一步研究。

3.1　上海暴雨特性及其成因

1949 年以前,全市雨量站屈指可数,其中以徐家汇气象台的雨量记录最长,自 1873 年迄今已有 130 余年连续资料。1950 年起,上海市的雨量站、水文站持续增加,到 2005 年各类观测雨量站点已达 60 个,平均密度为 106 平方千米/站,积累了 50 余年资料,2013 年,自动化遥测雨量站达 215 个,较全面反映了暴雨的强度、量级、范围和长短历时等各类情况,提供了基本的、有效的信息。

据徐家汇站长期雨量资料统计,上海年平均暴雨日数为 3.2 天,而 1999 年全年多达 37 天,为百余年来最长记录,暴雨成为一种严重的危害。因此探讨暴雨特征、时空分布和成因,对上海的城市建设和安全等具有重要的意义。

3.1.1　暴雨的时空分布特点

根据上海地区气候的特点,一年内主要为春雨、梅雨和秋雨 3 个多雨时期,一般情况下 4 月中旬至 5 月中旬的春雨期多为中到大雨,偶有暴雨出现;6 月中旬至 7 月中旬的梅雨期主要表现为持续降水,时而伴有暴雨或大暴雨;8 月下旬至 9 月中旬的秋雨期主要是由于受热带气旋和雷暴雨影响而出现短历时强降水,暴雨的机会较多。现将暴雨过程的时空分布简析如下:

1) 暴雨过程的年际变化

从历年暴雨出现次数和强度来看,1999 年是暴雨出现频繁的一年,年内暴雨天数多达 37 天,其中 11 天为大暴雨,部分地区大暴雨日数多达 9—12 天,均为有史以来最高记录。此外,较多暴雨年份还有 1977 年、1985 年、1989 年、1991 年、2005 年、2013 年等,较少暴雨年份为 1968 年、2003 年,都只有一次。

2) 暴雨过程的年内分配

年内季节分配是:以 6 月下旬至 9 月上旬出现暴雨的频率最高,大暴雨次数以 9 月上旬为最多,持续时间较长的暴雨以 6 月下旬至 7 月上旬为最多,分别为热带气旋和梅雨影响所致。据资料统计,影响上海的热带气旋,主要是在 7—9 月。其中 8 月最盛,占 35%;9 月次之,占 29%;7 月再次之,占 27%。

3) 暴雨的地区分布

上海近 60 年来总的暴雨分布是:出现在沿江和沿海内侧的机会较多。特别是宝山东南部、市区东部和浦东中西部一带是暴雨特多的地区。总体来看,上海市的暴雨地区分布,除崇明岛以外,是沿海多于内陆,市区多于郊区,东北略多于西南,而大暴雨的分布则东北多于西南的特征较为明显。

3.1.2　暴雨特征

暴雨是强降水的一种形式,与历时有关,并随着季节变化,呈现不同的特征:

1) 梅雨期的暴雨

梅雨原称黄梅雨或称霉雨,江南一带的民间习俗,以农历芒种至夏至为梅雨季节。近代气象学对梅雨具有特定的含义,在地面天气图上,表现为东北西南向的准静止锋带(亦称梅雨锋系),它从江淮流域延伸到日本西南部一带,而在锋带附近常伴有一条狭长的连续降水区域。

梅雨期的暴雨特点:降水历时长、雨日多;上海常年平均入梅日为 6 月 15 日,出梅日为 7 月 5 日,约为 20 天;而丰水年份的梅雨期很长,可达 60 天,其入梅期比常年偏早,而出梅期比常年偏晚,且梅雨次数较多。例如 1954 年暴雨天数最长达 59 天(见图 3-1),各年情况如表 3-1 所示。

形成梅雨的天气系统是静止锋,基本稳定在上海附近和长江下游一带,并有

表 3-1   1950—2010 年几次典型梅雨期概况

年份	起 讫 日 期	总雨量/毫米	梅雨持续天数	降 雨 天 数
1954	6 月 5 日—8 月 2 日	460.1	59	45
1956	6 月 5 日—7 月 19 日	444.3	45	28
1957	6 月 14 日—7 月 9 日	471.8	26	18
1991	6 月 3 日—7 月 15 日	474.0	43	24
1995	6 月 26 日—7 月 7 日	475.4	18	—
1996	6 月 2 日—7 月 16 日	571.2	45	25
1999	6 月 7 日—7 月 20 日	713.6	44	32
2001*	6 月 17 日—6 月 27 日	262.0	11	10
2008	6 月 7 日—7 月 4 日	387.8	27	22

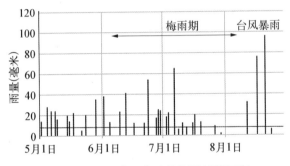

图 3-1   1954 年汛期上海雨量过程示意

时南北摆动;静止锋上且不断有气旋生成东移带来大雨或暴雨。

从表 3-1 知,2001* 年梅雨期内同时受到台风影响,6 月 23 日受到 0102 号"飞燕"台风影响,普降大暴雨,梅雨期受到台风影响,在上海地区颇为罕见。

2) 台风暴雨

热带气旋是热带或副热带洋面上的大气涡旋,当它近中心最大风力达到 12 级以上时,才称为台风;影响上海的台风平均每年有 2.6 次,并伴有大风、暴雨。台风暴雨的产生与台风本身的热力、动力条件有关。据 1959—2012 年资料,由台风造成特大暴雨 11 次,平均约 5 年发生一次,如表 3-2 所示。

由表 3-2 知,在福建北部,浙江南部登陆的台风,穿越浙、皖、苏等省,经苏北或山东出海,造成特大暴雨的有 7 次;在苏北登陆,长江口转向北上的各有 2 次。

表 3 - 2　1959—2012 年上海市台风暴雨概况

台风编号	月　日	暴雨量/毫米	地　点	台　风　路　径
5905	9 月 5—6 日	200.5	川沙	福建福州登陆北上经上海吕泗出海
6007	8 月 3 日	208.4	青浦淀峰	福建福州附近登陆,穿越浙皖经苏北出海
6214	9 月 5 日	203.3	青浦赵巷农场	福建平潭登陆北上在苏北出海
6312	9 月 12 日	475.3	南汇大团	福建连江登陆在浙江龙岩附近消失
7707	8 月 21 日	581.3	宝山塘桥	东风波遭受远海台风外围影响
8406	7 月 31 日	234.0	崇明城桥	江苏如东登陆经山东北上在渤海消失
8506	7 月 31 日	250.4	青浦重固	浙江玉环登陆,穿越太湖到苏北出海
8511	9 月 1 日	381.1	川沙高桥	长江口外转向东北
0102	6 月 23 日	233.0	崇明界河	福建福清登陆,经江苏、上海出海
0509	8 月 6 日	292.0	南汇周浦	浙江玉环登陆,穿越浙、皖经山东北上
1211	8 月 7—8 日	261.0	普陀区	浙江象山登陆,向西移动

注:台风编号为简称。例如"8511"即 1985 年 11 号台风,"0102"即 2001 年第 2 号台风,其余类推。

最典型的是"639"暴雨,台风在福建连江登陆,折向龙岩,在广东消失,台风倒槽辐区处于上海境内,暴雨中心在南汇大团,自 9 月 12 日 7 时至 13 日 7 时,24 小时雨量达 475 毫米,日雨量 300 毫米等雨量线在大团、莘庄、松江、奉贤、闸港、金山咀等地,笼罩面积为 2 090 平方千米,全市面平均日雨量达 261.8 毫米。"639"暴雨的主要站点记录见表 3 - 3。

表 3 - 3　1963 年大团特大暴雨

站名	项　目	60 分钟	6 小时	24 小时	3 天
大团	雨量/毫米	78.0	202.4	475.3	490.3
	年月	1985 年 7 月	1963 年 9 月		
南汇	雨量/毫米	70.4	239.0	432.8	434.6
	年月	1982 年 9 月	1963 年 9 月		
奉贤	雨量/毫米	94.7	157.5	351.1	357.4
	年月	1980 年 7 月	1963 年 9 月		
金山咀	雨量/毫米	80.8	125.8	320.2	343.1
	年月	1990 年 8 月	1988 年 9 月	1963 年 9 月	

站名	项　　目	60 分钟	6 小时	24 小时	3 天
大治河西闸	雨量/毫米	92.8	137.2	323.1	336.3
	年月	1991 年 8 月	1991 年 8 月	1963 年 9 月	
松江	雨量/毫米	82.4	167	304.5	317.5
	年月	1981 年 8 月	1991 年 8 月	1963 年 9 月	
金山	雨量/毫米	77.1	151.8	281.8	292.8
	年月	1991 年 8 月	1991 年 8 月	1963 年 9 月	

3) 东风波扰动

最为异常的是"778"特大暴雨,当时东风波气流自西向东发展,遭受远海台风外围影响,从而加强上海特大暴雨。即宝山塘桥暴雨中心 24 小时的雨量达 581.3 毫米,1 小时雨量 147.5 毫米,为上海市历史上的最高记录(详见 3.3 节)。

在台风的移动过程中,遭遇大陆上的多种天气系统,从而造成特大暴雨。因此暴雨过程不仅要研究在台风环流内造成的条件,还必须注意环流外围的强对流云团等的影响。例如台风倒槽,台风切变等不同天气类型的组合,往往是形成暴雨的根本原因。

4) 雷暴雨

在当地呈现强对流天气时,常突发狂风暴雨,成为雷暴雨。上海地区的雷暴雨发生在 5—10 月期间,尤以 9 月份最多,并且往往在下午 3—5 时出现。例如 1991 年 8 月 7 日和 9 月 5 日两场雷暴雨;8 月 7 日以宝山最大,日雨量为 210 毫米,市区半数以上均在 100 毫米以上;9 月 5 日以金山最大,日雨量为 209 毫米,市区在 165—185 毫米,造成市区数百条马路积水。

3.1.3　暴雨的成因

暴雨是形成上海洪涝灾害的重要因素。暴雨的成因为水汽供应、凝结核、触发机制 3 个基本要素。热力的、动力的触发机制是主要因素,它不仅决定在具备足够的水汽供应和大气不稳定条件下是否能产生暴雨,而且也决定产生暴雨的地理条件。同时具有足够的凝结核,促进云汽凝结合并,使源源不断的水汽形成雨滴下降。

（1）上海地区暴雨的微观机制。

归纳起来,有如下 3 个方面的原因加强了暴雨的地域性:

海陆温差效应：每年的夏秋季节,由于白天陆地温度高于海面,长江口南侧和沿海地区海风盛行,易形成气流辐合上升,若遇到大气不稳定条件,就会引起热力对流,从而产生雷暴雨,特别在海风方向与盛行风方向相反时最有可能发生。因此当盛行风偏南时,长江口南侧的浦东、宝山一带雷暴雨较多。

海陆摩擦差异：当风向与海岸线垂直,并从海面吹向陆地时,海岸的陆侧地面摩擦加大,风速减小,产生辐合气流,或使已辐合系统加强,在大气不稳定的条件下,便触发或加强对流,并引起或增强暴雨的发生。

城市热岛效应：当大气不稳定条件下,发生增雨显著。

(2) 形成暴雨的天气气候类型。

根据暴雨普查资料,上海市暴雨类型有静止锋、静止切变、热带气旋、冷锋、暖锋、冷区、暖区、低压、东风波扰动、辐合线等(见表 3 - 4)。

表 3 - 4　30 年间* 暴雨主要气候类型统计

月份	静止锋	热带气旋	冷锋	暖区	低压	东风波扰动	其他
3—5	3	0	1	—	2	—	—
6	12	2	0	2	1	—	4
7	20	6	2	7	2	—	1
8	16	10	3	5	—	3	2
9	17	17	4	—	1	1	2
10	1	1	0	—	1	1	—
合计	69	36	10	14	7	5	9
占%	46	24	7	10	5	3	6

注：① * 自 1959—1991 年间。
② "静止锋"含静止切变,"其他"为暖锋、冷区、低压等少数类型。

通过对上海市点暴雨(系单个测站雨量的简称)参数计算和结合各类天气类型的暴雨过程的强度、范围、持续时间、季节变化等分析,上海市暴雨类型主要有以下几点。

暴雨次数最多的天气类型为静止锋,占总数 46%;其次为热带气旋,占 24%。

暴雨过程笼罩范围最广的为热带气旋型,全市性暴雨占 32%;其次为东风扰动和热带气旋倒槽,影响范围最小的为暖区、静止切变等。

各类暴雨天气类型的季节变化比较明显,如静止锋型在 6 月中下旬至 7 月上旬以及 9 月份比较活跃。东风波系统主要出现在 8、9 月份,暖区型高峰期出现在盛夏。而静止切变型高峰期则在梅雨、初秋两雨季和盛夏期的交替时期。

各类天气型的日变化以暖区、冷区、静止切变、热带气旋切变最为明显,从下午到傍晚出现暴雨机会最多(见表 3-5)。

表 3-5　1969—2013 年上海市各类气候特大暴雨概况

年份	月　　　日	雨量/毫米	地　　　点	类　　　型
1969	8 月 5 日	266.0	嘉定、长征	雷暴雨
1975	7 月 27—28 日	203.2	黄浦公园	静止锋
1976	7 月 1 日	231.7	崇明东风农场	低压
1988	9 月 3 日	250.6	金山亭林	静止锋
1991	8 月 7 日	210.0	宝山	低压、雷暴
2001	8 月 5—6 日	275.0	徐家汇	强对流
2013	9 月 13 日	161.0	洋泾闸内	强对流

注:台风暴雨参见表 3-2,东风波扰动类型见 3.3 实例。

3.2　城市化对降雨和径流的影响

上海地区属感潮平原水网地区,降雨径流情况,不仅取决于降水量,而且受到潮汐顶托、上游客水下泄和水利工程影响的综合制约。同时基于当地下垫面的影响,又是一个内在因素。

首先,上海地区地势低平,地面高程一般在 3.0—4.0 米左右,最低处在 2.3 米,形成"碟形"洼地,沿江沿海历年最高潮位在 3.9—5.9 米,约超地面标高 1—2 米,均依靠防汛墙和海塘保护。其次地下水潜水层埋深较浅,上海郊区地下水潜水层埋深,除沿江沿海一带在 0.8—1.20 米,一般在 0.5—0.75 米,低洼地区汛期更浅,仅 0.2 米,极易形成内涝。第三城市化影响,随着上海城市的发展,城市建筑物的不断增多,形成地面不透水面积增加,自流排水能力降低,故易发生城镇道路积水的危害。

径流是由降雨产生,经坡面汇流沿河沟下泄而成。但是城市化以后,产汇流过程已经改变,降雨以后,雨水从城市建筑物、道路、绿化体等进入下水道和排涝泵站外排,由此形成特殊的城市径流过程。为此上海市水文总站曾就城市化对降雨影响和径流系数的影响,分别作了观测和试验分析工作,据观测试验成果提出的主要结论详见下文。

3.2.1 城市化对降雨的影响

随着上海城市化的发展,城市热岛效应越加明显。白天在阳光的照射下,市区温度比郊区升高得快,使城市周围气流汇向市区辐合上升,在大气不稳定的条件下,常使雨量增多。

关于城市化对降水的影响,据《上海城市化对降水的影响》记载,上海市水文总站于1984—1988年在市中心城区(约149平方千米)内设立了13个雨量观测点(以代表市区雨量),和原有全市的55个雨量站平行观测资料分析对照,其主要结论为:汛期(5—9月)均是市区雨量大于近郊雨量。汛期平均增雨为6%—7%;最小增雨3%(枯水年),最大增雨15%(丰水年),年增雨基本与汛期相仿。

据《上海汛期暴雨的天气气候分析》,上海市气象局科研所与华东师范大学协作,搜集1959—1978年降水资料,拥有百余个雨量站点(包括全市各个部门),专门探讨市区对降水的影响,其主要成果如表3-6所示。

表 3-6　上海市中心区降水增雨率成果　　　　　　(单位:%)

时　　段	市气象科研所*	市 水 文 总 站
年雨量	5	6
汛期雨量	8	6—7
日暴雨	—	20—23**
报告年份	1980 年	1988 年

注:① *以徐家汇站(代表市区)雨量与郊区站雨量推算的增雨率。
　　② **为1990—2012年汛期暴雨资料。

上海市中心区面积从1949年解放初的149平方千米增至289平方千米(1999年),而全市人口从原有500余万增至2 300余万(2010年),市区占全市总人口的52%。这样,市区人口密度高达4.16万/平方千米,建筑物覆盖比例大于56%,加上密布的地面道路,形成市区与郊区的下垫面差异悬殊,经研究表明,在盛行气流微弱时,由于市区下垫面的特点,促使热岛对流,阻碍效应和凝结核作用下,造成雨岛效应的产生。

由表3-6知,上海城市化对降水情势的影响是明显的。根据国外的一些分析资料,城市范围及其下风侧的年降水总量比郊区偏高5%—15%,其中雷暴雨增加 10%—15%。

上海市中心的徐家汇站近十多年来年降水量连续偏高于郊区 10% 左右,这一现象称之为城市的"雨岛效应"。其原因首先是中心城区上空的微粒物质及污染物质等显著增加,据市环保部门多年监测到的空气污染物——飘尘和总悬浮颗粒的分布情况来看,中心城区的平均浓度要普遍高于郊区,这为降水提供了大量的凝结核。其次城市中心的年平均气温要高出周围农村地区,如市中心徐家汇站的日均气温要高于郊区宝山站 2—3℃。这种城市热岛效应的产生与中心城区高度密集的人口及下垫面辐射性质的变化密切相关。由这种温差形成的热湍流和由城市建筑物,特别是高层建筑物的增加而引起的地面粗糙度增大对移动的降雨系统有阻碍效应,使市区雨时相对增长。据 1980 年 6 月 10 日降水资料,郊区各站雨时为 15 小时,而市区各站雨时为 20 小时,平均延长雨时达 5 小时。

3.2.2　城市化对径流系数的影响

城市化的下垫面情况较为复杂,主要由道路、建筑群等不透水面为主,公园与绿化地等次之,综合径流系数一般偏大,虽有泵站等排水措施,但道路积水仍屡见不鲜,现以南京路为例简要加以探讨。

20 世纪初,上海已成为我国东部沿海的著名商业城市,而南京路仍不断被淹积水。当年南京路(原称英大马路)曾铺设木块(油渍铁黎木)为上海当时最高级的路面;但到 1931 年的台风暴潮与暴雨侵袭,南京路上木地板因膨胀,无数木块漂流水面;1933 年、1939 年和 1949 年南京路多次积水,"水深及腰""积水没膝"等;至 1949 年秋,南京路上残留木块被全部清除,改建为水泥路面。

1962 年 8 月的台风暴潮与暴雨,使上海半个市区被淹,南京路又遭积水,第一食品公司门前"水深及腰"。

1997 年上海又遭台风暴潮与暴雨,远较 1962 年为甚,但南京路一带安全无恙,并无积水。

21 世纪初,南京东路改建为高标准的步行街,长达 1 033 米,路宽为 20—40 米,全部采用磨光地砖铺设路面,成为整洁、宽畅、繁华的商业街道。不料 2000 年 8 月的一场暴雨,造成步行街建成后一周年的首次积水。据《新民晚报》报道(2000 年 8 月 22 日),"多年不见的大范围积水现象又重返申城——南京路步行街变成了'步行河'……黄浦区内马路上一片汪洋……"暴雨后,部分商店、住宅进水,造成一定损失,保险公司赔偿金额约 2 000 万元。

由表 3-7 黄浦公园站的潮位、雨量资料反映,积水原因可分为 3 种情况:

表 3－7　南京路典型年积水情况

年	月　日	潮位/米	雨量/毫米	路面材料	积　水　情　况
1931	8 月 25 日	4.94	84.3	木块	水深二尺
1949	7 月 25 日	4.79	148.2	木块	水深及腰
1962	8 月 2 日	4.76	48.8	水泥	最深处 1 米
1997	8 月 18—19 日	5.72	142.6	水泥	无积水
2000	8 月 16—19 日	—	131.0	地砖	"步行河"

① 1931 年至 1962 年积水,由潮水与雨水一起组成,受排水泵站能力限制,无法排除。② 1984 年以后,潮水已由防汛墙阻止,虽有大暴雨倾注,相同的泵站排水情况下,1997 年并无积水。③ 由于 1999 年采用磨光地砖,其不透水性较强,而泵站排水能力有限,造成 2000 年全路段积水。

从南京路步行街建成后的积水现象分析,除暴雨较大外,与路面不透水性有关。有些专家认为:雨水落到"硬壳化"(指公路和城市建筑)的地面上,其径流系数 α 必然偏大,$\alpha \approx 1.0$,也是加重积水原因之一。

降雨径流的计算方法很多,主要有产流模型法、水量平衡法和径流系数法,现将有关试验研究成果简介如下:

(1) 张桥径流试验站的分析成果。

据《客水对平网水网产流的影响分析》记载,上海浦东张桥建立径流试验站,1987—1988 年进行了两年的试验研究工作,取得了初步成果。经前两种方法移用于城市化对降雨径流计算时,缺乏必要的相似条件,仅有径流系数法,具有较好的依据。

从一般径流系数(α)得

$$\alpha = \frac{R}{P}$$

据张桥小区的降雨径流资料,绘制降雨-径流关系图,其点据分布较为凌乱(参见图 3-2)。若选择有客水与无客水两类实测资料比较,如表 3-8 所示。

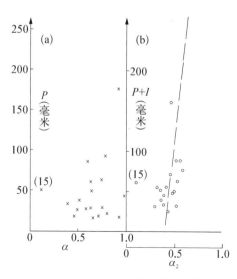

图 3－2　张桥小区径流系数关系线

表 3-8   张桥小区降雨径流资料分析

年份	月　日	P/毫米	Q/毫米	I/毫米	R/毫米	α
1988	7 月 23 日	87.4	53.6	0	53.6	0.61
1987	7 月 22 日	93.4	143.0	68.5	74.5	0.80*
1988	7 月 27 日	62.2	39.1	0	39.1	0.63
1987	8 月 16 日	65.8	72.8	23.5	49.5	0.75*
1988	8 月 20 日	34.8	13.8	0	13.8	0.40
1987	9 月 11 日	29.6	441	26.2	17.9	0.60*

注：表中 P 为降雨量，I 为入区客水量，Q 为出区排水量，R 为径流量，α 为径流系数，* 表示有客水影响。

由表 3-8 知，在降雨量相近的条件下，有客水时，其径流系数一般较大，α 最大为 0.80。因此将雨水与客水合并组成水源，与径流量相比（见图 3-2）称为第二径流系数（α_2）得

$$\alpha_2 = \frac{R}{P + I}$$

当应用 α_2 时城市化的客水，主要为堤防、防汛墙决口后的进水量、发生窨井倒灌涌水以及道路积水后继续下雨，或发生跨区来水等情况。

（2）浦东新区应用径流系数的验算成果。

1999 年上海市开展全市水资源普查工作，曾将不同土地类型对应的径流系数列表（见表 3-9）。

表 3-9   上海地区不同土地类型的径流系数

土地类型	水田	旱地	乡镇用地	工业用地	住宅用地	交通用地	河道水面
径流系数	0.28	0.20	0.33	0.60	0.70	0.60	1.00

浦东新区面积达 569.6 平方千米（未合并南汇区时）计算全区的综合径流系数，可以通过卫星遥感等方式获得该区各种土地类型的面积 A_i 值，查表 3-9 得相应 C_i 值，按综合径流系数计算式：

$$C = \frac{\sum A_i C_i}{\sum A_i}$$

经浦东新区 2003 年卫星遥感资料算得该地区综合径流系数为 0.526。

（3）市城建部门综合径流系数的计算成果。

上海市城市建设设计院受上海市政工程管理局的委托，对上海地区暴雨强度公式及城市综合系数分别进行为期两年的研究，主要成果摘要如下：

① 暴雨强度公式：

$$i = 9.45 + 6.793\ 2\lg P/(t + 5.54)^{0.654\ 1}（毫米／分）$$

式中：i 为雨强；

② 径流系数（见表 3 - 10）：

表 3 - 10　不同功能小区的综合径流系数成果

地块名称	面积/公顷	综合径流系数		增幅/%
		现　状	原数值	
南京东路	195.4	0.85	0.80	6.25
宜昌路地区	142.6	0.87	0.50	74.0
曹阳新村地区	149.2	0.70	0.50	40.0
三门路地区	158.0	0.71	0.50	42.0

注：表中现状系对所选择四个地面覆盖的航片资料（1993 年底）分析判断，依照"规范"计算后的综合径流系数值。

显然，由于城市的发展，大批农田被改变为城市用地（如住宅、街道、工厂、商业用地等），在自然状态下，由于产流过程中，植被截流、填洼、下渗等损失量减少，使城镇区域自然调蓄能力减弱，汇流速度加快，使径流系数明显增大，例如 1991 年太湖流域大水期间城镇密集的武澄锡虞地区的径流系数达 0.758，比 1954 年大水时增加了 13.1%。

综上所述，城市化对产流的影响，表明随城镇的密集程度及其排水系统的增加能力，使综合径流系数增大 10%—20%。

3.2.3　城市化的综合影响

城市化是一个国家进步和发展的必然趋势。上海城市规模已经进入了一个崭新的时期，并将以更快的步伐迈向国际化大都市。与国际上许多大城市的发展规律一样，随着城市规模的不断扩大，城市人口的剧增，建筑物的密集，地面透水性能降低，产生了城市化对暴雨、径流的影响，可称为城市化的"水文效应"。

同时，随着城市现代化的发展，原有许多河道不能适应交通运输，有些河道成为污水排放渠道,日趋黑臭。上海于1905年起,逐步将城乡100余河道填塞,铺筑道路。市中心区不少重要道路,如延安东路(原洋泾浜)、西藏路(泥城浜、周泾浜)、复兴东路、肇家浜路、方浜路等都是由河道填没而成的。填浜筑路,改善了城市的交通能力,同时也影响了城市雨水自然排泄功能,据1999年《上海市水资源普查报告》记载,中心城区面积约300平方千米,而平均水面率为1.3%,远远低于全市平均水面率6.4%的水平,从而导致市中心的河网水面难以承受自然调节雨水的功能,改变了城市区域天然水循环体系。

因此,由于城市化的暴雨、径流的增大,和城市水面率的缩减,经常出现暴雨后道路积水和住宅进水的城市涝灾。

3.3　20世纪"778"暴雨分析

1977年8月21—23日上海市北部发生了一场历史罕见的特大暴雨(简称"778"暴雨)。300毫米暴雨区集中在宝山和嘉定两县,暴雨中心在宝山的塘桥,历时64小时,总雨量达591.8毫米,24小时最大雨量581.3毫米,占总雨量的98.2%,为上海历史上暴雨量的最高记录。

这次特大暴雨主要发生在蕴藻浜沿线,但波及全市,宝山、嘉定洪水泛滥,积水最深处达两米,一片汪洋,田园道路尽淹。全市受淹农田122.5万亩,倒塌房屋3 056间、棚舍3 422间。市内杨浦、虹口、普陀等区约3万民宅和外贸、粮食仓库进水,上钢一厂、五厂、铁合金厂等因进水停产的工厂达324家,此外沉船1 389条,塌桥26座。因灾死亡2人、伤16人,淹死猪禽等5.5万头。据市防汛指挥部不完全统计财产损失近2亿元(当年价格)。

下文将对这场特大暴雨的基本特点和气象原因等专题分析。

3.3.1　暴雨特性

从这场特大暴雨总雨量等值线(见图3-3)上可以看出,"778"暴雨的雨轴走向呈NE—SW向,长轴约54千米,短轴约42千米。500毫米的雨量包围面积114平方千米,200毫米的雨量包围面积1 816平方千米,面平均雨量325.5毫米。"778"暴雨各历时雨量等值线与笼罩面积和时面深关系如表3-11、表3-12和图3-4所示。

由"778"暴雨时面深关系,分析暴雨点面折算系数,随历时增长而加大,且有较好的变化规律。

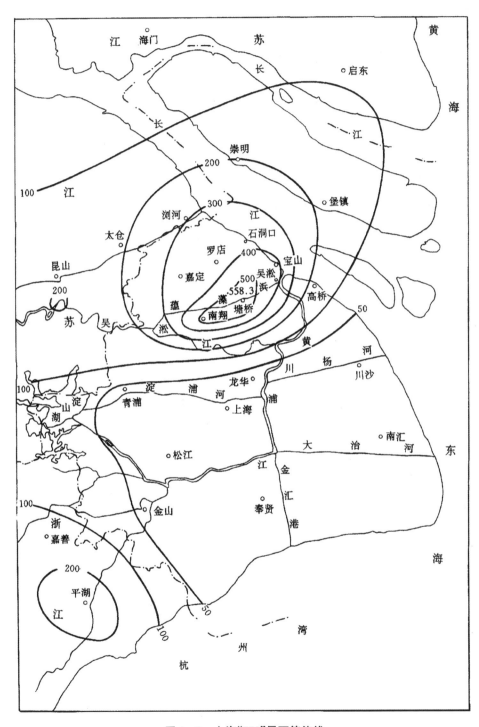

图 3-3　上海"778"暴雨等值线

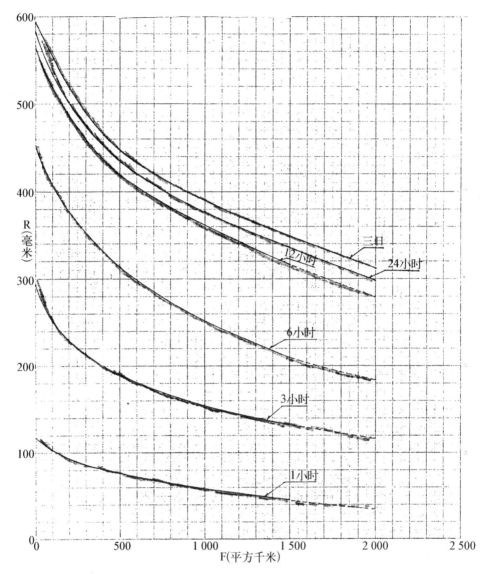

图 3-4　"778"暴雨点面折算系数·历时·面积关系

从暴雨中心附近各代表站不同历时最大雨量表(见表 3-13)来看,12 小时雨量占总雨量的比例在 93.4%—95.1%之间,也是很集中的。从雨量空间变化来分析,雨区开始自西向东移动,主雨峰发生在 8 月 22 日 2 时前后。由于"778"暴雨中心南侧系带有上升运动的东南气流,当它到达幅合区上空时加剧了上升速度,降雨量迅速加大,促使南侧雨量梯度增大,100 毫米雨量等值线间距仅为2.8 千米。而暴雨中心北侧由于地面气流辐散,减弱了上升速度,降雨量相应地

表 3 - 11 "778"暴雨各历时雨量与笼罩面积关系 （雨量：毫米）

降雨历时 /小时	笼罩面积/平方千米			
	≥200	≥300	≥400	≥500
6	596	234	53	—
12	1 407	771	216	68
24	1 639	864	273	91
72	1 816	939	318	114

表 3 - 12 "778"暴雨时面深关系 （单位：平方千米，雨量：毫米）

面积 \ 历时	1 小时	3 小时	6 小时	12 小时	24 小时	3 天
点	117	293	452	563	581	592
100	103	254	407	518	534	550
200	93	231	377	486	502	517
300	86	213	351	458	475	489
500	77	190	313	418	433	445
1 000	60	155	254	362	378	390
1 500	46	133	210	316	336	349
2 000	—	—	—	—	298	312

表 3 - 13 塘桥站暴雨量、历时关系

时　　段	递减指数 n	瞬时雨量 S（毫米/小时）	关系式 $H = St^{1-n}$
$t \leqslant 1\,h$	0.156	151.4	$H = 151.4t^{0.844}$
$1\,h \leqslant t \leqslant 8\,h$	0.388	151.4	$H = 151.4t^{0.612}$
$8\,h \leqslant t \leqslant 46\,h$	0.948	485.0	$H = 485.0t^{0.052}$

注：h 为小时，H 为推算雨量。

减少了。但因属于偏南气流，使雨区分布较广，等值线梯度也就较小，100 毫米等值线间距约 8.9 千米。因此"778"暴雨具有强度大、历时短、范围集中，南北两侧雨量梯度明显差异的特点。现选择各代表站的不同历时暴雨记录列表如下（见表 3 - 14）。

表3-14　代表站不同历时最大雨量表　　　　　（雨量：毫米，占总量：％）

历时\站名		10	30	60	3	6	12	24	72
		分　钟			小　时				
塘桥	雨量	32.5	85.3	151.4	293.1	451.5	563.0	581.3	591.8
	占总量	5.5	14.4	25.6	49.5	73.3	95.1	98.2	100
南翔	雨量	24.6	73.0	126.8	252.4	430.4	544.8	570.1	578.3
	占总量	4.3	12.6	21.9	43.6	74.4	94.2	98.6	100
吴淞（蕰）	雨量	20.3	55.5	104.1	211.6	357.2	434.7	454.4	456.4
	占总量	4.4	11.9	22.4	45.5	73.3	93.4	97.6	100
老石洞	雨量	16.4	44.0	73.8	155.4	276.1	369.9	379.3	389.0
	占总量	4.2	11.3	19.0	39.9	71.0	95.1	97.5	100
黄渡	雨量	30.5	65.3	107.3	206.0	259.9	294.9	308.7	315.8
	占总量	9.7	20.7	34.0	65.2	82.3	93.4	97.8	100

3.3.2　暴雨洪水对苏州河水质的影响

"778"暴雨发生在天文小潮汛(农历八月初八)期间。由这场暴雨产生的径流,使地处暴雨中心的蕰藻浜和苏州河两条感潮河流,从8月21—26日发生连续全落潮现象,多年黑臭的苏州河也一反常态,显得不黑臭了。据8月25日水质监测,浙江路桥断面水体溶解氧和氨氮值分别为1.43毫克/升和1.39毫克/升,低于中等污染指数3。在此期间蕰藻浜实测最大流量为477立方米/秒,平均流量196立方米/秒,约为年平均流量的33倍;苏州河实测最大流量198立方米/秒,平均流量99.3立方米/秒,约为年平均流量的7倍。

3.3.3　暴雨成因

1) 环流形势

这场特大暴雨是在东亚上空大尺度环流系统发生明显转变过程中,即在东经100度以东的东亚地区中高纬度,原来是两槽一脊的环流型,后来转变为两脊一槽的环流型中发生的。由于500百帕引导气流发生明显变化,使得在台湾以东100千米洋面上的7号台风,由原来朝偏西方向移动急转为东北方向,并沿着台湾省北上。由于这次台风北上,促使赤道辐合带明显北抬5个纬距。从1977年8月20日20时的东亚地面图上可以看到从日本海经东海到长江以南地区,均受到赤道辐合带北侧的偏东气流所控制。所以,这场暴雨就是在对流层中、上部(高层)中纬度的辐散偏西气流和对流层下部(低层)低纬度的偏东辐合气流上下叠加、相互交换和共同作用下形成的。

2) 影响系统

造成一地的特大暴雨,往往是在大尺度环流形势下,由中尺度系统的发生和发展而来。就这次特大暴雨而言,先后有四次低空东风扰动侵入本市。第一和第二两次扰动是提供能量的积累,8 月 21 日夜间到 22 日早上,第三号东风扰动登陆后,移动速度大减,近于静止锋状态,并显著加深。扰动北端雨团在迅速发展过程中,扩及宝山、嘉定、崇明、太仓等县,并停止少动。半夜前后,第四号东风扰动从东海北部移入杭州湾,与 3 号东风扰动连成南北向中尺度辐合线,雨团在辐合线的北端和西侧迅猛发展,更加强了宝山、嘉定一带的降水,因而造成这一地区的暴雨强度最大、雨量最多。

3) 水汽条件

暴雨的出现,要有水汽源源不断地供应。"778"暴雨期间,在对流层中下层出现一支强东风气流,配合 7 号台风的停止和转向,使这支东风气流位置稳定。上海市的东风层厚度从 500 米逐步增至 3 000 米,风速也从 0.8 米/秒增加到 10.8 米/秒。由于东南风的加大,为上海市对流层中下层提供了丰富的水汽。这时,对流层上部正是槽前西南气流盛行,大量水汽来自孟加拉湾,从而使上海市上空水汽十分充沛。

4) 位势不稳定的建立

从上海时空剖面图上分析,在暴雨的全过程中,对流层上部(500 百帕以上)各层间 $\Delta\theta_{se}$(即 $\theta_{se\bot}$ 减去 $\theta_{se\top}$)绝大部分大于零,表示位势稳定。而对流层下部(500 百帕以下)各层间,其稳定状况是十分复杂的,只有 8 月 21 日 14 时、20 时和 8 月 22 日 2 时,$\theta_{se500}-\theta_{se850}$ 都是小于零的,说明大气此时是不稳定状态,这次特大暴雨就是发生在这一段位势不稳定时间内。

因此,在《上海气象志》中,关于"东风扰动"呈波状气流自西向东传播,东风扰动中气流汇合,云雨发展旺盛,以致暴雨。影响上海的东风扰动雨量多寡差异很大,以 1977 年 8 月 21—22 日暴雨达 581.3 毫米为最大,创历史极值。

据陶诗言著《中国之暴雨》对"778"暴雨的分析:"778"上海暴雨与 7707 号台风活动有关,台风于 8 月 17 日在台湾以东 1 000 千米洋面上形成,以后向西移动,21 日到达台湾以西 100 千米的洋面上(见图 3 - 5),台风移动缓慢,并转向东北沿台湾海峡北上,在日本南部洋面上消失。

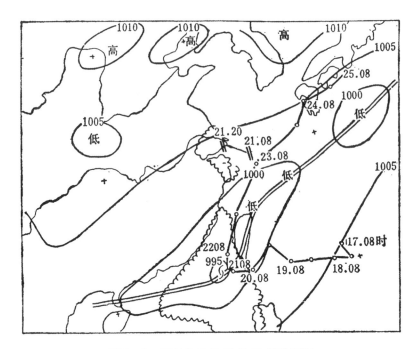

图 3-5 1977 年 8 月 21 日 20 时地面图

（粗线为台风路径，双线为热带辐合带与东风扰动，波线为雨区）

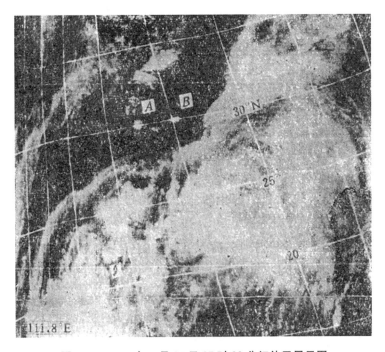

图 3-6 1977 年 8 月 21 日 07 时 32 分红外卫星云图

认为这次发生在台风移动减缓转向的时期,虽并不很强,但热带辐合区很活跃,而是离台风中心约千公里的外围东风气流里,有两块非常白亮的云团(见图3-6)位于暴雨区东侧。其位置分别在上海以东约300—600千米的洋面上分别为云团 A、B,均出现一个东风扰动区,说明这次上海暴雨系东风扰动所致。从宝山塘桥等站降雨过程分析,都有两个最高值,称为雨峰 A 和 B 与对流层云团A、B登陆时刻一致,使总雨量剧增到最大,范围也扩大(见图3-7),可见台风环流背景起到决定性的促进作用。

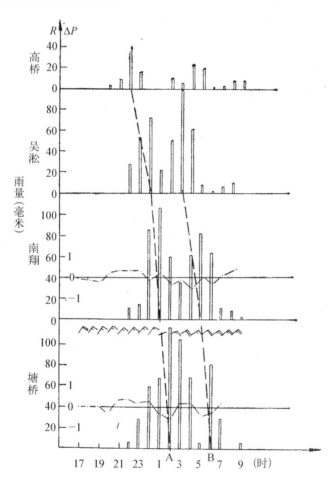

图 3 - 7　高桥、吴淞、南翔、塘桥等四站的雨量(R)、气压距平(ΔP)

(直方块为雨量,点虚线为气压距平)

通过这次暴雨分析,在台风活动季节,不仅要注意台风环流造成的暴雨,还必须注意台风环流外围的强对流云团的登陆影响。

现将上海、江苏和浙江沿海地区几次台风形成特大暴雨的资料汇总如表3-15所示。

表 3-15　沪苏浙沿海台风特大暴雨情况

台风日期	台 风 路 径	暴雨中心	最大24小时雨量/毫米
1956年8月1日	在浙江三门登陆向西北深入内陆	浙江临安市岭	682.1
1960年8月4日	福州附近登陆后北上	江苏如东潮桥	822.0
1962年9月4—8日	福建平潭附近登陆北上,在江苏东台出海	江苏苏州	438.0
1963年9月4—15日	福建连江登陆至龙宫附近消失	上海南汇大团	475.3
1965年8月21日	福建福春登陆北上出海	江苏大丰闸	672.6
1977年8月21日	海上台风外围影响与东风波遭遇形成	上海宝山塘桥	581.3
1981年8月30日—9月3日	在长江口外掠过北上	浙江余姚梨洲	484
1985年8月31日—9月2日	沿长江口外转向北上	上海川沙高桥	381.1
2012年8月8日	浙江象山登陆向西移动	浙江安吉董岭	644.4

由表3-15知,影响沪苏浙沿海的台风暴雨均为台风登陆或沿长江口北上,较为典型,都是由于不同天气系统的叠加使暴雨增强。如1960年7月30日至8月6日的南通市如东县潮桥的暴雨过程:8月2日台风在杭州附近,河套一带有地面冷锋东移,在山东北部渐趋静止,随着台风的北进,静止锋缓慢南移,两者愈来愈近,于是在如东潮桥发生了超强度暴雨。因此,当不同的天气系统叠加逐渐使暴雨增强,而单纯的天气系统产生的暴雨较小。台风系统内与西行类天气系统遭遇和配置下引起的暴雨往往较大。1963年大团暴雨、1965年江苏大丰闸暴雨都属同样类型。但"778"暴雨为台风外围影响,促进东风波形成特大暴雨,值得引起注意。

3.4　从2013年"9.13"暴雨探讨城市化对降水的影响

2013年9月13日下午,上海发生短历时暴雨,造成市中心区及附近区域道路积水、交通阻塞等,尤其是浦东新区陆家嘴金融区一带呈现大暴雨雨区,以致局部地区交通一度瘫痪,城市运行受到较大影响,从而引起人们的质疑:上海暴雨积水成灾,几乎年年都有,这次"9.13"暴雨是否也是城市化对降水影响有关?

3.4.1　"9.13"暴雨概况

据上海市水情自动测报系统全市 215 个遥测雨量站的实测资料以及气象部门的资料显示,在 2013 年 9 月 13 日 8 时至 14 日 8 时,共 20 个测站最大 24 小时雨量达 100 毫米,其中 3 个测站达 150 毫米(见表 3 - 16)。

表 3 - 16　"9.13"暴雨重要记录摘要

区　　域	地　　点	最大 24 小时雨量/毫米	最大 1 小时雨量/毫米
浦东新区北部	洋泾闸	161	117.5
	后　滩	154	—
	浦东新区气象站	150.1	—
	世纪公园站	141.2	127.3
	梅　园	138.5	103.9
	浦　兴	135.5	71.5
	新区办公中心	129.2	100.4
市中心区	北虹路地道	142	100.5
	文　庙	138.3	96.1
	龙华港	135	116
	斜　土	134	104

注: 浦东新区北部指川杨河以北地区。

该次暴雨范围主要分布在浦东新区北部陆家嘴金融区和市中心区的黄浦、长宁、徐汇等区,具有局部性显著、集中性较强的特点。

目前,市政设施的排水标准一般为一年一遇即 36 毫米/小时,而"9.13"暴雨最大一小时雨量,多站均超 100 毫米/小时(见表 3 - 16),超过了排水标准的 3 倍,故现有排水能力无法同步排除降水,造成地区积水危害。在当天 15 时起,市中心区 150 多段马路积水,约 7 000 多户居民进水;此外,轨道交通 2 号线和 6 号线因故障停驶等。经市防汛部门、排水部门等全力抢险排水,暴雨未发生重大事故,在当天 22 时各处积水基本排除,但城市运行受到了较大影响。

据气象部门分析,该次暴雨受高空槽东移和副热带高压边缘暖湿气流共同影响;在浦东新区北部与市中心区发生强对流天气,出现了短历时暴雨,并伴有雷电和雷雨大风天气。根据上海地区气候特点,在9—10月份,是高空与地面气压系统的转换过渡期,当地面冷高压与高空副热带高压相重合,多下沉气流,变得秋高气爽。但当副热带高压边缘的暖湿气流参与时,却会发生强对流天气,变得秋雨滂沱,防不胜防。

3.4.2　已往的研究

据《上海城市气候中的四岛效应》研究,由于城市"热岛效应"的存在,有利于热对流的发展,产生对流性降水。城市高层建筑物分布,使得下垫面的粗糙度增大,起着阻障作用,延长雨时,降水增多。同时,城市大气中凝结核较多,对降水增多也有一定作用。

据《上海市区城市化对降水影响初探》报告,经多年资料统计,暴雨在地区分布上是沿海多于内陆,市区多于郊区;暴雨中心落点的随机性,上海地区受到海岸线和城市化的制约。"城市热岛"和"城市核凝结"是城市辐合加大降水的直接因素,而"阻障效应"受城市上空与下风方向有关。

《上海市防汛工作手册》指出,关于强对流暴雨,上海有两个主要多雷雨地带,一个在东北部,沿长江口、东海一带,一个在西南部,在青浦、金山一带;但近十多年来,由于城市"热岛效应"的作用,雷暴雨在市区也有增多的趋势(见表3-17)。

表3-17　近期上海市区短历时暴雨摘要

年份	月 日	地区	最大1小时雨量/毫米	最大24小时雨量/毫米
2001	8.5	杨浦区	105	212
2004	8.22	普陀区	—	124
2008	8.25	徐汇区	108.5	132.5
2010	9.1	徐汇区	76	127.6
2013	9.13	浦东新区北部	127.3	161

此外,我国北京和深圳也曾就城市化对降水的影响进行研究,国外如美国的密苏里州、伊利诺斯州的城市化观测研究,都证实了城市化的增水效应。关于高层建筑物造成小气候的现象,美国芝加哥市的西尔斯大楼(Sears Tower)高484.7米,共110层,曾观测到大楼附近晴天,楼顶夏天下对流雨,楼底无雨的现象。

上海市浦东新区成立于1990年,该区的陆家嘴金融区,目前已建高楼如上海中心大厦、环球金融中心、金贸大厦等4幢,高度达420—632米,还有高达

250 米以上大厦约 15 幢,以及 8 层以上(约 30 米)的小高层约 225 幢。整个区域内所释放的能量和凝结核,具备"雨岛"的有利条件。

因此,随着上海城市建设的加快发展,现代化城市进程不断加快,为应对城市化效应问题,我们亟须作相应的观测研究。

3.4.3　地区对比法——检验"雨岛效应"方法之一

鉴于城市化对降水影响的复杂性,如何检验"雨岛效应"的方法非常重要。现沿用较成熟的地区对比法,建立增雨系数(K)表示,即 $K = R_市/R_郊$,$R_市$ 为市区的平均雨量,$R_郊$ 为围绕城市四周的区(县)站平均雨量。其不同暴雨类型的增雨系数列表 3‑18。

表 3‑18　市区不同暴雨类型的 K 值

暴雨类型	年份或编号	最大日雨量/毫米		增雨系数 K
		市　区	郊　区	
梅　雨	1987 年 7 月 1—28 日	337.7	314.3	1.07
	1991 年 6 月 3 日—7 月 14 日	534	510	1.05
	1999 年 6 月 7 日—7 月 20 日	722.4	704.9	1.02
台　风	8506	171.7	156.6	1.1
	8511	236.4	180.0	1.3
	9015	133.4	109.4	1.23
	0509	182.9	151.9	1.20
	1211	155.9	126.7	1.23
强对流	1977 年 7 月 7 日	52	22.5	2.3
	1991 年 8 月 7 日	147.5	109.5	1.4
	2001 年 8 月 5 日	146.9	120.2	1.2
	2013 年 9 月 13 日	78	17.3	4.3

从表 3‑18 知,城市化对降水的影响主要为以下几点:① 对梅雨影响较小,但在个别暴雨(如静止锋低压移动时)受城市"阻障"增雨。② 对台风暴雨影响较大,与台风路径有关,平均增雨系数在 20% 左右。③ 对强对流天气(以及雷暴雨)的暴雨影响最大,以倍数计,与城市的局部小气候变化有关,但暴雨量相对较小,历时不长,具有局部性、短历时特点。

现绘制"9.13"暴雨分布图(见图3-8)。

图3-8   2013年"9.13"暴雨等值线图

图3-8呈现一个闭合型小高值的雨量区,这正说明了城市化的影响。从图3-8观察,50毫米暴雨等值线基本上环绕市中心区的边界,100毫米大暴雨等值线则包围黄浦江两岸的高楼群,其暴雨中心处于陆家嘴金融区北首的洋泾闸(161毫米),其次还有东北的浦兴站(135.5毫米)和西南的北虹路地道站(142毫米)两个小圈,反映城市化对降水影响是由多重因素的辐合现象。

3.4.4   同频率对比法——检验"雨岛效应"方法之二

关于暴雨频率计算的基本资料,规定必须符合一致性要求。所谓一致性,要求暴雨样本具有某种相同的基础或环境,但是平原地区的城市,受到城市环境的变化,无法"还原"处理,因此常常采取前期与近期系列的频率成果加以判断。即同频率对比法,$\phi = Ra/Rb$,即Ra为近期系列统计成果的某重现期雨量,Rb为前期成果的相同重现期雨量,ϕ为同重现期(同频率)的增雨系数。现据徐家汇站具有百余年实测日雨量资料,分别取30年系列,组成前期系列b(1951—1980

年)与近期系列 a(1981—2010 年)两段,进行频率计算分析,并绘制频率曲线,见图 3－9 和表 3－19 所示。

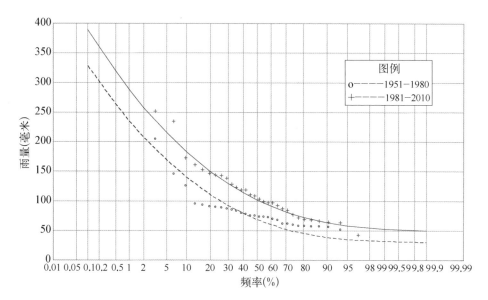

图 3－9 徐家汇站最大日雨量前期系列与近期系列频率曲线

表 3－19 徐家汇等站分期系列日雨量成果

重现期 /年	徐家汇站/毫米			洋泾—川沙站/毫米		
	系列 a	系列 b	ϕ	系列 a	系列 b	ϕ
2	101.6	65.3	1.5	106	80	1.3
3	122	78.8	1.6	128	90	1.4
5	149.5	109	1.4	152	112	1.4
10	183	139	1.3	180	130	1.4
20	215.5	168	1.3	207	155	1.3

同时,在浦东新区北部的日雨量对比研究,选择洋泾闸(1978—2013 年)代表近期系列 a,川沙站(1951—1977 年)为前期系列 b,作同样频率分析,其成果如表 3－19 所示。

从表 3－19 知,徐家汇站的 ϕ 值在 1.3—1.6,而洋泾—川沙的 ϕ 值在 1.3—1.4,当五年一遇时,ϕ 值基本一致,反映长历时状况城市化对降雨影响是显著的。

根据城市排水的暴雨设计标准,按小时为单位,现由徐家汇站最大 1 小时(60 分钟)雨量系列按最大值法进行频率分析,分成前期系列 b(1951—1980 年)

和近期系列 a(1981—2010 年)两组计算成果,如表 3-20 所示。

表 3-20   徐家汇站分期系列最大 1 小时雨量成果

重现期 /年	徐家汇站/毫米		$\phi(a/b)$	城建暴雨 强度公式 q	$\phi(a/q)$
	系列 a	系列 b			
1	25	20	1.3	35.5	0.7
2	42	38	1.1	44.3	0.9
3	50	45	1.1	49.5	1.0
5	60	54	1.1	56.3	1.1
10	72	66	1.1	65	1.1
20	84	77	1.1	75	1.1

表 3-20 关于上海市城市建筑设计院应用的设计暴雨强度公式

$$q = \frac{5544(p^{0.3} - 0.42)}{(t + 10 + 7\lg P)^{0.082 + 0.07\lg P}}$$

由上式推得不同重现期 $\left(T = \dfrac{1}{P}\right)$ 的 1 小时雨量列入表中。

从表 3-20 知,反映短历时状况,在重现期 5 年一遇以上,ϕ 值为 1.1,即增雨系数在 10%,在重现期 5 年一遇以下,其 ϕ 值<1.0,则与城市化影响无关,可能与取样方法及应用公式有关,尚需进一步研究。

3.4.5   小结

通过"9.13"暴雨的城市化影响分析,提出不同暴雨类型(如梅雨、台风雨和强对流暴雨)的增雨系数,不能视为估算或评价的定量应用,仅是比较形象性地说明增雨现象。但是给人们的启示是:城市的设计暴雨估算,不能仅依据前期系列(反映原有状态),亦不宜将前期与近期资料合并(存在不一致性),必须依据近期系列为主(保持一致性),结合前期资料加以论证,才能提供合理、可靠的城市设计暴雨成果。

同时,目前关于城市设计暴雨的再分析,不能仅依据现有暴雨资料,更需要有关城市降雨径流试验成果,以提升制订设计暴雨成果的先进水平。因此,根据浦东新区陆家嘴金融区的建设特点,建议立题"城市降雨径流试验区"进行专题研究,将是上海城市发展与环境保护研究的重要依据。

3.5　未雨绸缪,拓展排水综合措施

上海地势平坦,市中心区且较低洼,短历时高强度的大暴雨(台风雨和雷暴雨为主),易迅速形成径流,造成市区道路积水,从而影响交通和工厂停工、郊区农田受淹等损失。

上海开埠后,20世纪初开始建设排水管道,除少数路面埋设较大口径的管道外,绝大多数为小口径管道。因此每遇暴雨排水不畅,积水便是常事。1949年以前,上海仅有雨水泵站11座,排水能力为16立方米/秒。1978年上海市城建局制订了市区服务面积为141.9平方千米,雨水排水系统规划,逐步新建排水泵站和改造排水管道,提高了排水设计标准。将暴雨重现期由原半年一遇(即27毫米/小时)提高为一年一遇(36毫米/小时),改善了部分道路积水情况。

截至2008年初,全市建成排水系统222个,服务面积为491.6平方千米,泵排水能力达到248.7立方米/秒;在一般地区为一年一遇(36毫米/小时),而少数重要或特殊地区建为3年一遇(50毫米/小时)至5年一遇(57毫米/小时)。但是,在已建成的排水系统中,不够完善或低标准的占50%,尚待大幅度逐步提高健全。现以进水户数为指标,探讨暴雨积水问题。现将1998—2005年汛期不同天数雨量与民宅进水统计情况如表3-21所示。

表 3-21　雨量与进水户数摘要

年份	日　　期	地　点	雨量/毫米	进水户数/万户	积水路段/处
1985	8月31日—9月1日	徐汇区	230	11.3	235
1988	9月3日	定海港	183	3.35	246
1990	8月31日	虹口区	194	7.48	200
1991	8月7日	宝　山	210	20.0	676
	9月5日	静安区	185	12.0	136
1993	8月2日	黄浦区	105	4.0	238
1997	8月18日	崇明县	131	0.5	—
1998	7月23日	浦东新区	119	0.26	130
1999	6月8—10日	青　浦	246	3.2*	100
	6月30日	蕴　东	189	1.5	120

（续表）

年份	日　期	地　点	雨量/毫米	进水户数/万户	积水路段/处
2001	8月6—9日	徐家汇	275	4.78	476
2005	8月6—7日	周　浦	292	5.0*	200
2013	10月7—8日	松　江	372	10	1 177

　　注：* 含郊县（区）在内。另注：气象上规定日雨量大于或等于50毫米称为暴雨，日雨量大于或等于100毫米称为大暴雨，日雨量大于或等于200毫米称为特大暴雨。

　　由表3-21知，若遇特大暴雨（日雨量200毫米）或连续大雨，进水户数约2万户。因此，为上海现代化城市安全，必须未雨绸缪，采取拓展排水综合措施。

　　现提出以下两点建议：

　　① 从城市化对降水的影响来看，随着城市高楼的不断增多，对城市环境的影响也将逐步升级。据2006年底资料，目前上海11层以上高层建筑达8 600多幢，其中100层以上有100多幢，还有几百幢高层建筑正在施工。随着城市高层建筑的不断发展，其降雨增雨率和径流系数等相应变化，受人为活动影响；为此，建议高楼应有一定限制，以减轻暴雨积水程度。② 从当前排水口外河的水位条件来看，若遇高潮，即使提高排水设施标准至5—10年一遇，仍难外排。为此，可采用设法加大排水管口径和构建地下水库等截流措施，进行应急减灾规划研究。

第 4 章　太湖及黄浦江的洪涝灾害

上海居太湖流域下游,地势低平,黄浦江干流贯穿全市,亦是承泄太湖洪水的重要通道之一。新中国成立以来太湖流域在 1954 年、1991 年和 1999 年多次发生梅雨型洪水,黄浦江水系承泄太湖洪水的考验,为减轻全域洪涝灾害作出一定贡献。

如 1991 年洪水,上海黄浦江从历史上承泄 88 亿立方米(1954 年),减至承泄 36 亿立方米(1991 年),但 1991 年沿江水位却增高约 0.05 米,若与高潮时遭遇,其潜在危害不可轻视。

又如 1999 年洪水,上海地区处于大范围梅雨笼罩下,其降水量高于全域平均值,而上海当地径流量达 40 亿立方米,加上太湖洪水量 39 亿立方米,在 5—7 月内黄浦江共承泄近 80 亿立方米来量,充分发挥了黄浦江行洪能力。

4.1　太湖洪水与黄浦江水情

太湖流域的洪水出路,历史上曾分三支由南、北、东分别入江入海。随着河湖演变、洪涝灾害和人为影响等不同作用,到 1949 年时,仅由上海黄浦江承担排洪,成为太湖洪水的唯一通道。1954 年洪水造成严重灾害,并形成了上海黄浦江单独承泄太湖洪水的紧张局面。经 1991 年和 1999 年太湖洪水的考验,太湖流域实施了 10 项骨干工程,建立向黄浦江、直排长江口和杭州湾分别泄洪的三路体系,改善了洪水通道,呈现了人水和谐共处的新局面。

4.1.1　太湖流域洪水概况

太湖流域集水面积为 36 500 平方千米,山丘和水面各占 17%,平原地区占 66%。平原地面高程在 2.5—4.0 米,地势西高东低,西部山区河流坡急源短,来水较为迅猛,而东部与环湖等平原水流平缓,由太湖湖区衔接不同水流流态,起到缓冲调节作用。因此太湖流域发生长期连续暴雨,河溪来水汇集太湖,湖区调蓄能力有限,水量进湖多、出湖少,水位涨得快、落得慢,这样就可能发生溃决型洪水,将造成平原区的大范围洪灾。

太湖流域20世纪发生五次大洪水,其中由梅雨造成的有三次,分别发生在1954年、1991年和1999年;受台风影响造成的有两次,分别发生在1931年(梅雨过后又遭台风)和1962年(见表4-1)。

表4-1　太湖流域20世纪大水年份情况

年　　份	1931	1954	1962	1991	1999
雨型	梅雨、台风	梅雨	台风	梅雨	梅雨
太湖最高水位/米	4.40	4.65	4.30	4.79	4.97
发生日期	8月25日	7月28日	9月5日	7月16日	7月9日
60天雨量/毫米	639.1	627.9	526.7	681.2	738.0
90天雨量/毫米	863.7	890.5	710.9	827.6	1 013.0

1931年太湖大水是因梅雨和台风影响造成的。该年由于梅雨期较长,使河湖低水位较高,梅雨期期末又两度遭到台风的影响,普降暴雨,洪水漫溢,形成严重的水灾。

1954年梅雨期自5月上旬开始,一直延续到7月下旬(见图4-1),雨期长,雨量大,分布面广,太湖最高水位4.65米,造成太湖流域当时有记录以来的最大水灾。

1962年9月5日由于遭受强台风的袭击,受其影响太湖流域普降暴雨,由于排水不及而形成水灾。

1991年5月初,太湖水位已达警戒水位3.50米,进入梅雨期后,连续发生集中暴雨,遂使河湖水位陡涨,加之太湖洪水出路不畅,更使洪水位居高不下。7月16日太湖最高水位达到4.79米,比1954年水位还高0.12米(见图4-2)。

1999年又一次出现流域性的大洪水,从6月7日至7月20日,梅雨量超出常年3倍(见图4-3),其中60天和90天雨量均达到历史最高。全流域大部分地区河网水位超过历史最高水位,太湖最高水位达4.97米,超过1991年水位0.18米,超过1954年水位0.32米。

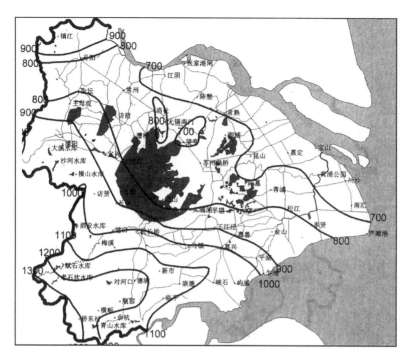

图 4 - 1　1954 年太湖流域 5—7 月降雨等值线(单位：毫米)

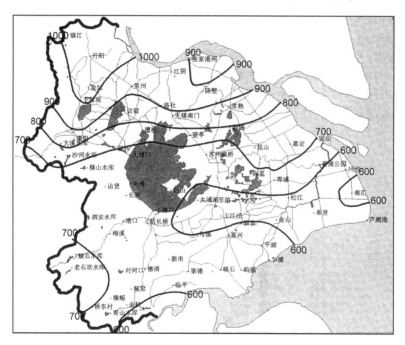

图 4 - 2　1991 年太湖流域 5—7 月降雨等值线(单位：毫米)

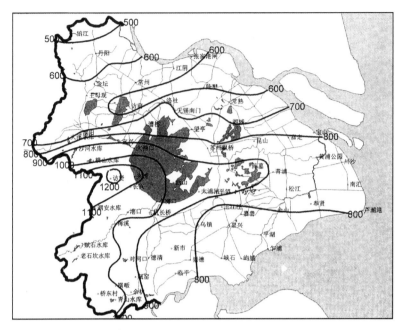

图 4 - 3　1999 年太湖流域 5—7 月降雨等值线(单位：毫米)

综上比较,以梅雨型造成太湖洪水为主,1954 年、1991 年和 1999 年梅雨期情况如表 4 - 2、图 4 - 4 所示。

表 4 - 2　太湖流域典型梅雨期洪水特征值

项目	时　　段	1954 年	1991 年	1999 年
全域产水量	30 天	81.0	140.7	179.9
	60 天	159.6	181.3	194.4
	90 天	225.3	184.8	267.2
太湖湖区洪水	发生日期	5 月 1 日—7 月 3 日	6 月 11 日—7 月 15 日	6 月 7 日—7 月 20 日
	历时(天)	92	35	43
	入湖洪水总量	103	37.4	47.2
	最大日平均流量	—	2 270	3 191
	太湖最高水位/米(发生日期)	4.65 (7 月 25 日)	4.79 (7 月 15 日)	4.97 (7 月 8 日)

注：水量：亿立方米,流量：立方米/秒,水位：米。本表摘自《太湖流域片水情手册》。

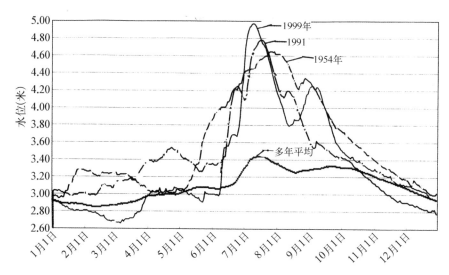

图 4-4　1954 年、1991 年、1999 年太湖水位过程线

关于目前洪水威胁范围,常以历史上(如 1954 年)发生过的实际淹没范围为依据,还没有具体规定。

所谓洪水威胁范围,是指洪水可能最大的淹没范围,凡地面高程低于历史最高洪水位的地区,受洪水影响自然波及可能的范围。根据防洪治理要求,洪水威胁范围内;有的重要城市采用千年一遇设计洪水,有的农田垦区采用二十年一遇设计洪水,视当地的社会发展和经济发达程度,采取相应的防洪标准。据有关资料分析,太湖流域洪水威胁范围面积约 13 000 平方千米(不含湖泊水面),其中上海市范围有 5 个县、市区,主要沿黄浦江沿江两岸及青松地区,如图 4-5 所示。

4.1.2　黄浦江在太湖流域中的定位

黄浦江是太湖流域的一部分,是目前唯一敞口(河口未建闸)的排水河道,也是全域纳潮最大的河流。在 1991 年冬至 1995 年间太湖流域治理后,太湖汛期外排水量见表 4-3。

表 4-3　太湖主汛期外排水量分配　　　　　　　　　　　(单位:%)

外排方向	1954 年	1991 年	1999 年	一般年份
入黄浦江	87	36	38.7	50
入长江	13	58	45.4	40
入杭州湾	0	6	15.9	10

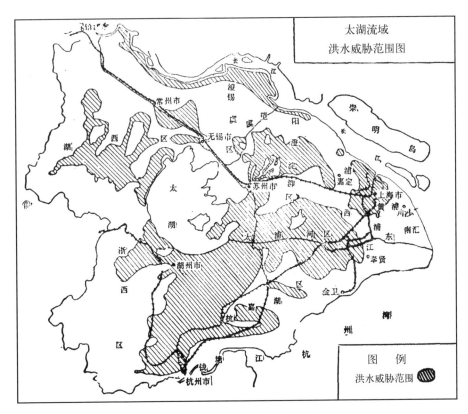

图 4-5　太湖洪水威胁范围示意

从黄浦江承泄太湖洪水的实况分析，入浦泄量占太湖洪水比例与泄水历时有关，当历时长，其泄量多，否则减少。按泄水历时的日平均泄量比较，则 3 个大水年的日平均泄量是逐年减少，但黄浦江干流的最高水位却逐年增加。

表 4-4　太湖洪水与黄浦江水情关系

黄浦江水情	1954 年 5 月 1 日— 7 月 31 日	1991 年		1999 年	
		6 月 11 日— 7 月 15 日	5 月 1 日— 9 月 30 日	6 月 7 日— 7 月 20 日	5 月 1 日— 9 月 30 日
历时(天)	92	35	153	44	153
承泄水量/10^8 立方米	88	26.6	73.5	28.6	75.8
日平均泄量/10^8 立方米	0.96	0.76	0.48	0.65	0.50
米市渡水位/米(发生日期)	3.80 (7 月 4 日)	3.85 (7 月 15 日)		4.12 (7 月 3 日)	

现从地形、水系和水利区划等关系分析,黄浦江是太湖流域的重要组成部分。

(1) 太湖流域的地形地势分为 4 类:其中黄浦江的浦西和浦东两区为中部低平原,高程在 5 米以下,面积为 4 360 平方千米。

(2) 太湖流域有山区水系、沿江水系和黄浦江水系等,黄浦江水系是太湖流域的主要水系,枯期随着沿江沿海口门关闭,其集水面积可达 23 000 平方千米;汛期,在一般调度控制状况下,其受水面积约 14 000 平方千米。若全域发生暴雨洪水,则其受水范围与太湖行洪调度措施有关。

(3) 太湖流域的治水是一个较特别区域,面积不大,但情况复杂,按水利分区可划分为 8 个区,其中在上海境内的有浦东和浦西两区。按上海水利规划分为 11 个片,如以淀山湖、拦路港、斜塘、苏州河、黄浦江为界,已形成浦西青松控制片等。各分区(分片)进行水利调度,提高防洪、灌溉等功能。

(4) 黄浦江是长江入海口的最后一条支流,也是上海与江、浙、皖之间的内河航运的总干渠,也是太湖流域的一条大动脉。

综上分析,黄浦江处于太湖流域的重要地理位置,是通江通海未封闭的河道,为唯一的自然泄洪通道,起着举足轻重的影响。同时太湖亦是黄浦江水系的水源地,为上海城市淡水资源、航运资源等提供重要条件,促进上海城市的繁荣发展。上海虽是后起城市,但得天独厚的太湖、黄浦江为上海的崛起提供了极其重要的作用。

4.1.3　太浦河开通后的水情变化

黄浦江承泄太湖流域来水,上游分三支源流汇集,接纳太湖湖区、江苏淀泖区、浙江杭嘉湖区等来水;北支由拦路港、泖港(太浦河汇入段)、斜塘为主流,中支由大蒸港、园泄泾组成(汇入斜塘为横潦泾),南支为大泖港(注入横潦泾为竖潦泾)等,然后汇聚至松江米市渡处形成黄浦江干流的集合点。因此,黄浦江水系是太湖流域下游的一个河网地区,河网密度达 4.43 千米/平方千米,其上中游两岸水网为洪水潜在威胁范围。

1991 年太湖大水之后,国家决定治理太湖水利工程,太浦河是太湖流域综合治理十大工程之一,太浦河工程西起东太湖,东至泖河东大港,经江苏(占 40.4 千米)、浙江(占 2 千米)和上海(占 15.2 千米),全长 57.6 千米,于 1991 年 11 月开工,至 1995 年底竣工。

太浦河开通后,据 1995 年 7 月的水文水质同步调查资料与开通前 1954 年至 1990 年米市渡站的历史泄流资料,对黄浦江上游三支流来水比较,如表 4-5 所示。

表 4-5　上游三支来水量分配　　　　　（单位：%）

情　况	历　时	斜　塘	园泄泾	大泖港
开通前	全　年	29.1	41.9	22.0
	汛　期	30.2	43.2	19.1
开通后	全　年	34.1	39.5	21.4
	汛　期	34.0	39.7	22.2
	调查期	42.7	37.3	18.3

注：调查期自 7 月 7 日至 7 月 15 日。

从表 4-5 知,黄浦江上游三支来水比例的变化,在太浦河开通（1995 年）后,斜塘显著增多,园泄泾略有减少;可见,太浦河开通后太湖来水顺畅,使斜塘泄量有所增加,有利于太湖洪水直接外排。

但是太浦河的开通,却带来了黄浦江干流水位抬升的新问题。

4.2　1991 年汛期雨情与黄浦江水情分析

1991 年的防汛救灾斗争,在国家防汛总指挥部的统一部署下,得到人民解放军的全力支持,依靠广大干部群众,实施了一系列紧急措施：6 月 26 日开启太浦闸,7 月 5 日上海市炸开红旗塘坝,江苏省炸开大鲇鱼口坝,7 月 8 日上海市又炸开钱盛荡坝,7 月 11 日江苏省又炸开望虞河的沙墩港坝等,疏通了分洪引洪的出路。同时,江苏省沿长江修建的 13 个节制闸,全面开启排水,对降低澄锡虞和阳澄淀泖地区的水位,较为显著;浙江省在上游修建水库和东导流工程,拦截来水,在沿杭州湾修建的长山闸南排工程,开闸放水,对降低杭嘉湖地区的水位,发挥了预期作用;下游上海市境内修建的淀西闸、蕴西闸等,均先后开启排水,对减轻阳澄淀泖区的涝水压力,作出一定的贡献（见图 4-6）。

1991 年夏季上海地区暴雨次数较多。6 月两次（6 月 13 日、6 月 19 日）,造成 6 月中旬雨量在 247.4 毫米,打破 1951 年以来的记录。7 月两次（7 月 2 日、7 月 26 日）,8 月 1 次（8 月 7 日）,造成 8 月上旬雨量达 156.5 毫米,成为 1951 年以来仅次于 1969 年 211.7 毫米的第二高值。

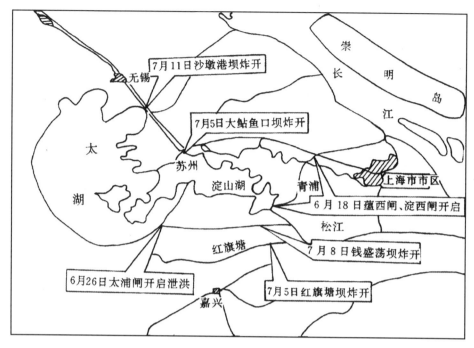

图 4 - 6　1991 年汛期太湖流域开坝泄洪示意图

此外,9 月 5 日出现了入秋以来的大暴雨,数小时雨量达 150 毫米以上,超过常年旬雨量 56.3 毫米的三倍。

4.2.1　前汛期梅雨特性

1991 年前汛期降水的特点是:入梅早、梅期长、雨量大,暴雨过程频繁,局部地区发生大暴雨。上海全市 5—7 月平均降雨量为 604 毫米(见表 4 - 6),为常年同期雨量的 1.6 倍,比 1954 年同期雨量(719 毫米)少 115 毫米。

5 月春雨较少,全市平均雨量为 81 毫米,比常年同期(123 毫米)约偏少30%,比 1954 年同期雨量(219 毫米)少 138 毫米。

1991 年 6 月 3 日入梅,比常年 6 月 16 日早,6 月下旬梅雨一度中断,7 月 16日出梅,比常年 7 月 6 日晚十天。梅雨量达 474.4 毫米,为常年梅雨量 204 毫米的 2.3 倍,打破 1954 年以来的记录,是近 70 年来最大的梅雨记录。

1991 年 5—7 月降雨量,虽低于 1954 年同期值,但其中 6 月份各站降雨量,除金山县站外,其他 9 站均超过当地历史同期最大记录 5%—33%,以松江站 6月雨量 359 毫米为突出,较该站 1954 年同期超过 89 毫米。

表 4-6　上海地区 1991 年 5—7 月各站雨量统计　　　　　　（雨量：毫米）

站　台	多年平均	1991 年				1954 年
	5—7 月	5 月	6 月	7 月	5—7 月	5—7 月
金山朱泾	379	82	339	144	565	689
青浦南门	396	91	333	176	600	793
松江县城	416	81	359	127	567	848
上海淀东	379	82	310	178	570	702
嘉定南门	387	61	350	278	689	742
宝山区宝山	374	60	367	279	705	705
川沙城厢	380	89	295	176	560	666
奉贤南桥	380	95	312	169	576	766
南汇惠南	399	94	329	120	543	676
崇明南门	376	72	327	268	667	605
全市平均	387	81	332	191	604	719

注：＊1954 年 5—7 月：嘉定雨量由黄渡代，川沙由龚路镇代。

同时，对梅雨期（6 月 3 日—7 月 14 日）间，郊区各站的平均雨量为 510 毫米，而市区（徐家汇站为代表）为 523 毫米，则市区增雨系统 $K（K = R_{市}/R_{郊}）$ 为 1.05，可见梅雨期由于雨时长，降雨不集中，市区虽有积水，影响较小。

4.2.2　黄浦江前汛期水情分析

1991 年黄浦江水系承泄大量太湖洪水，水位普遍抬升，在 6—7 月米市渡站超警戒水位 31 次，黄浦公园站超警戒水位 7 次，当遭遇大潮汛时，使内河水位抬升更加明显（见表 4-7）。

表 4-7　上海 1991 年汛期（5—7 月）各站水位情势

区域站名		最高水位/米	月　日	历史最高/米	ΔH
黄浦江上游	三　和	3.55	7 月 15 日	3.52	＋0.03
	金　泽	3.48	7 月 15 日	3.46	＋0.02
	商　塌	3.45	7 月 8 日	3.40	＋0.05
	洙　泾	3.73	7 月 15 日	3.70	＋0.03
	泖　甸	3.74	7 月 15 日	3.78	－0.04

（续表）

区 域 站 名		最高水位/米	月　日	历史最高/米	ΔH
黄浦江干流	米市渡	3.85	7月15日	3.86	−0.01
	黄浦公园	4.54	7月14日	5.22	−0.68
	吴　淞	4.69	7月14日	5.74	−1.09
各水利控制片	浦东片	3.31	6月17日	——	——
	淀北片、淀东	3.25	6月14日	——	——
	青松片青浦	3.33	6月16日	——	——
	嘉宝北片嘉定	3.36	7月3日	——	——
	崇明片新建	3.27	7月2日	——	——

注：浦东片从川沙、南汇、奉贤等三站选择最高值。

7月14日（六月初三）上游金泽、三和、洙泾等站，在太浦河钱盛荡坝和红旗塘坝开通以后，均超过历史最高水位0.02—0.05米。

7月15日（六月初四）干流米市渡站出现最高水位3.85米，超过该站1954年最高水位（3.80米）0.05米（但未超过该站1989最高潮位3.86米），超过警戒水位达0.55米（见图4-7和图4-8）。

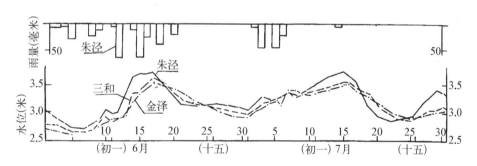

图4-7　1991年朱泾站、三和站、金泽站水位过程线

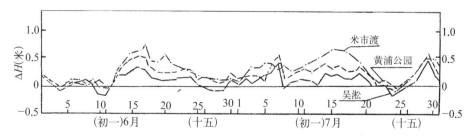

图4-8　1991年米市渡站、黄浦公园站、吴淞站潮位增水过程线

7月14日下游黄浦公园站出现最高潮位4.54米,超过警戒水位0.14米,吴淞站最高潮位4.69米,尚比警戒水位略低0.01米。

从吴淞、黄浦公园、米市渡等站的增水过程来看(其增水值为实测值减去天文潮预报值),从6月中旬起,内河水位普遍抬高,反映了越往上游受洪水影响越大,其中米市渡站最大增水值出现在6月17日(五月初六)达0.7米,颇为明显。

4.2.3 青、金、松地区的水情变化

在太浦河、红旗塘打通后,自平望以东、米市渡以西的青、金、松地区,成为洪潮交绥地区;现以米市渡和三和等站为代表,对该地区的水情影响初步分析。

从表4-6知,在青金松地区1991年7月15日普遍超过历史最高潮位0.02—0.05米。但历史最高潮位如1989年、1983年、1980年均为强热带风暴影响所致,仅1954年主要由上游太湖洪水所造成。

因此青金松地区水位,受上游来水和下游潮汐所控制,据1966—1989年实测潮位资料,建立米市渡、三和分别与上下游相应站的相关关系如下:

$$Y_米 = -0.02 + 0.52x_1 + 0.37x_0$$
$$Y_三 = -0.38 + 0.45x_2 + 0.46x_0$$

式中$Y_米$、$Y_三$为米市渡、三和站高潮位,X_1为嘉兴、平望、瓜泾口三站相应高潮位平均值,X_2为嘉兴站相应高潮,X_0为吴淞站相应高潮位,现将1991年最潮位的推算值与实测值如表4-8所示。

表4-8　米市渡和三和站高潮位抬升值 ΔH 估算　　(单位:米)

站　名	月日	吴淞高潮位 X_0	三站高潮均值 X_1	嘉兴高潮位 X_2	推算值	实测值	$\pm\Delta H$
米市渡	7.14	4.69	3.90	—	3.74	3.84	+0.10
	7.15	4.55	3.99	—	3.74	3.85	+0.11
三　和	7.14	4.69	—	3.71	3.45	3.48	+0.03
	7.15	4.55	—	3.91	3.47	3.55	+0.08

由表4-6知米市渡1991年7月实测最高潮位,较过去历史状况条件,已抬高0.10米,同理三和站较过去状况抬高在0.05米左右。

综合以上各点,青金松地区水位抬高的原因是:当太浦河、红旗塘打通

后,使漫滩水量归槽,相应减少蓄水面积;同时由于历年联圩并圩,使宣泄水道相应减少等。因此,与太湖区 1991 年洪水超过历史最高值 0.13 米相仿,青金松地区水位抬高实际上也存在着该地区水面有所减少、排水出路不畅等原因。

但是青金松地区水位抬高还有一个重要原因,即受潮水顶托影响。据表 4-7 三和、金泽、洙泾等站 1991 年最高潮位都超过历史最高+0.02—0.05 米,可见由于潮流推进,形成该地区严重内涝灾害。

4.2.4　后汛期暴雨特性

7 月 16 日出梅以后,降雨明显减少,至 7 月底全市平均降雨量 14 毫米,雨日仅 2—3 天。但气候仍持续异常,在 7 月 26 日市区发生局部暴雨,当天下午 3—5 时两小时内,卢湾区降雨 96 毫米,南市区降雨 94 毫米,其他徐汇、黄浦、虹口和静安等区平均降雨在 24 毫米以上。同时在南码头、老北站、徐家汇等地还下了蚕豆大小的冰雹,青浦县有两个乡当天下午 4 时发生龙卷风袭击。

7 月 26 日的暴雨,上海市部分地区同时遭到雷暴、冰雹、龙卷风等的袭击,造成一定损失,卢湾区、南市区在不到两小时就降水 97—94 毫米,徐汇区也降水 53 毫米。市区有 200 余条马路积水,水深 10—30 厘米,有 2 万余户居民家中进水,全市发生用电故障 159 处,吹倒行道树 50 余棵,10 余条公交线路和 4 条轮渡一度停航,市郊有 2 000 亩菜田遭淹,市保险公司赔偿投保户约 2 000 万元。

8 月 7 日晚,一场罕见的大暴雨和龙卷风袭击上海市城乡,造成严重损失。市区共有 574 条马路积水,最深达 1 米,有 20 余万户居民住宅进水,仅经委系统就有 828 家工厂遭淹,全市共有 4 275 家企业、3.2 万户居民同时向保险公司报损,总赔偿金额约 1.73 亿元,全市死亡 16 人,其中市区因积水触电死亡 8 人,同时金山、松江、奉贤、青浦四县共十八个乡镇同时遭龙卷风侵袭。

9 月 5 日傍晚起,一场罕见的雷暴雨挟带着 8 级以上大风,突然横扫上海城乡,崇明县还遭龙卷风袭击,造成一定损失,市区有 138 条马路积水,最深 90 厘米,市区有 11.75 万户居民家中进水,全市有 5 000 家投保企业、居民向保险部门报损,赔偿金额约在一千万元以上,全市死亡 5 人,郊县以崇明向化乡损失最为严重,倒塌房屋 133 间,损坏房屋 227 间,刮倒烟囱 310 只。

以上 3 次暴雨时,上海市区实测日雨量如表 4-9 所示(并附梅雨期 3 次暴雨参考)。

表 4-9   1991 年汛潮市区各次暴雨记录

地点	前汛期(梅雨)/毫米			后汛期/毫米		
	6.13	6.19	7.2	7.26	8.7	9.5
黄浦	69	23	59	33	164	95
南市	41	26	47	94	111	74
普陀	43	29	57	11	168	145
杨浦	44	26	48	23	121	110
静安	42	28	50	16	122	185
徐汇	50	24	62	53	130	167
闸北	47	25	60	—	163	181
虹口	—	30	51	25	172	109
长宁	50	28	51	8	124	144
卢湾	42	25	47	97	179	153
浦东	41	22	50	16	90	104
宝山	43	20	111	2	210	45
均值	47	26	58	34	148	126

注：宝山为全市雨量的代表站之一，供参考。

由表 4-9，后汛期的暴雨，由于副热带高压减弱，而低压槽东移入海影响，以及北方小股冷空气南下，形成新的暴雨带。例如 8 月 7 日市区面雨量达 148 毫米，而郊(区)各站平均雨量为 110 毫米，则市中心区的增雨系数 K($K = R_市/R_郊$)为 1.35，其增量达 35%，甚为罕见。

此外，1991 年第 20 号台风于 9 月 26 日下午进入东海，其边缘影响本市，傍晚起本市城乡普遍出现阵风 7 级，局部阵风 8 级，并普降小到中雨，黄浦江黄浦公园站潮位高达 4.78 米，超过警戒水位 0.38 米(1981 年标准)，沿江某船厂由于未及时关闭坞门造成厂区一片汪洋，并波及附近 1 个单位和 5 户居民进水，经及时抢险未造成更大损失。

4.2.5   灾害损失

黄浦江为太湖排洪的主要通道，米市渡站超过警戒水位 3.30 米以上，历时约 98 天(略次于 1954 年)，当时在松江县沿江的 92 千米圩堤，发生了 4 处不同程度决口，经突击抢修才控制险情。

据上海市有关部门统计,郊县农田受淹 80 万亩,鱼塘冲毁 4 200 亩,工厂企业停产 853 家,厂房、民屋倒塌 300 多间,还有禽畜死亡 5.2 万只,市区共有 574 条马路积水,较严重住宅进水户数 20 多万。初步估计各种经济损失达 10 亿多元。全市共有 4 275 家企业及 3.2 万户居民同时向保险公司报损,赔偿金额达 1.73 亿元。

4.2.6　1991 年汛期的雨情水情特点小结

1991 年致洪暴雨过程出现二个阶段,可分为前汛期与后汛期。前汛期主要为梅雨期暴雨,发生在 5—7 月中旬,历史上入梅日期最早为 5 月 22 日,最迟为 7 月 9 日,可知 1991 年梅雨期较典型。后汛期暴雨为雷暴雨,郊区又有龙卷风,而热带气旋影响却推迟到 9 月下旬。

1991 年仅有 9 月 26 日台风外围影响并无损失。而 1954 年梅雨期后,8 月 26 日台风影响,致瓜泾口最高水位达 4.62 米,使湖区水位下泄受阻,受到潮流顶托作用,其退水时间延长。

1991 年太湖洪水使江苏省常州、无锡等城市水位超过 1954 年情况,受灾严重。但平望、嘉兴等地水位低于 1954 年,而黄浦江米市渡水位又高于 1954 年,形成两端高、中间低的局面。由于 1954 年时的河道、堤岸等全部敞开,故水量滞涨漫滩,受灾地域较广。1991 年洪水受到堤防、河道等制约,洪水归槽运行起着显著变化。

4.3　1999 年梅雨特性与黄浦江水情分析

1999 年,上海地区梅雨期为 6 月 7 日—7 月 20 日,持续 44 天。与常年比较,1999 年梅雨有以下特点:一是梅雨期长,较常年多出 23 天,且入梅提前 9 天,出梅滞后 15 天。二是梅雨量大,为常年 204 毫米梅雨量的 4 倍,也是突破 126 年历史上最大记录 244 毫米。三是暴雨次数多。梅雨期间共发生 9 场暴雨,其中 2 次大暴雨,破全年 8 次暴雨的历史记录。四是雨量空间分布均匀,梅雨期最大点雨量与全市平均雨量的比值仅为 1.17∶1。在强暴雨、江浙雨洪下泄及天文大潮共同作用下,上海市西部地区河网水位从 6 月 27 日起全面突破历史最高记录,造成青浦、松江、金山、嘉定等低洼地区的洪涝灾害。

4.3.1　梅雨特性

1) 时间分布

整个梅雨期雨量分布可分为四个阶段。第一阶段 6 月 7—10 日,形成第一阶段集中降雨,4 天全市平均雨量达 220 毫米左右。第二阶段 6 月 11—22 日是梅雨间隙期,其中 6 月 11 日和 15 日下了零星小雨,16 日为 24.4 毫米的中雨,17 日 7.9 毫米的小雨。第三阶段 6 月 23—30 日是第二次集中降雨,雨量达 400 毫米左右,其间出现 6 场暴雨,6 月 30 日为大暴雨,全市平均雨量超过 110 毫米,其中宝山区、长宁区最大,雨量达 150 毫米左右。第四阶段是 7 月 1 日—20 日,梅雨量骤减,20 天全市平均雨量仅为 51.6 毫米。全市梅雨过程如图 4-9 所示。

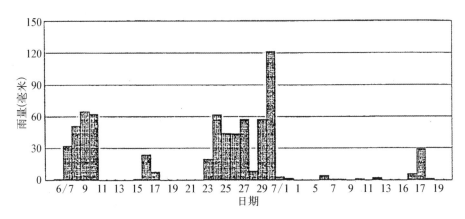

图 4-9　1999 年梅雨期上海市雨量过程

2) 空间分布

1999 年梅雨量在全市的空间分布比较均匀。大陆片平均雨量为 729 毫米,三岛片为 571 毫米,全市平均雨量为 700 毫米。

据太湖流域 1999 年梅雨期(6 月 7 日—7 月 20 日)总雨量等值线图(见图 4-10)显示上海地区的雨情为:雨量峰值在青浦县商塌及市中心南市区,750 毫米等雨量线包围了市区、浦东新区、闵行区、青浦县及南汇县部分地区,面积约为 1 700 平方千米。以该区域为中心,向周边延伸雨量递减。松江区、奉贤县、嘉宝地区约 2 500 平方千米的面积在 650—750 毫米等雨量线范围内,金山区在 600—650 毫米等雨量线范围内,崇明县在 500—600 毫米等雨量线范围内。

3) 时-面-深关系

暴雨的时-面-深关系是反映各种历时雨强及空间分布的重要指标。

由图 4-9 和图 4-10 可见,梅雨期间最大 1 日、3 日、7 日暴雨及梅雨总量时-面-深关系曲线平缓,说明本次梅雨空间分布比较均匀,有关成果如表 4-10 所示。

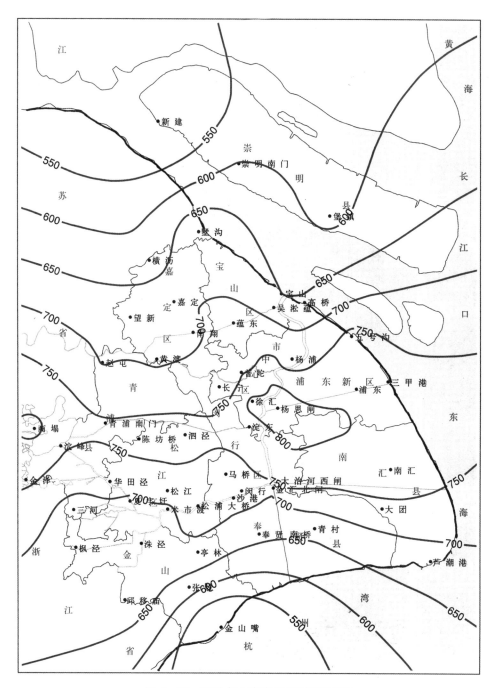

图 4 - 10 1999 年上海梅雨期雨量等值线

表 4-10　上海市 1999 年梅雨期雨量时-面-深关系

（面积：平方千米，雨深：毫米）

时\深\面	点	500	1 000	2 000	3 000	4 000	5 000	6 000
梅雨总量	816	801	790	772	755	740	729	710
最大 7 日	438.7	434	431	420	411	400	392	382
最大 3 日	236.4	232	230	223	218	210	206	199
最大 1 日	157.2	150	145	139	134	127	119	110

4.3.2　梅雨对黄浦江水情的影响

1）黄浦江上游地区水位变化

1999 年太湖流域平均梅雨量 672 毫米，太湖平均水位在 7 月 8 日 10 时突破历史最高记录，达 4.97 米。在强暴雨、江浙雨洪下泄及天文大潮共同作用下，上海市西部地区水位自 6 月 27 日起，共有 17 个水文站水位突破历史最高记录（见表 4-11）。

表 4-11　1999 年梅雨期黄浦江上游最高水位统计

站名	河名	流入何处	历史最高		1999 年最高水位		超历史/米
			水位/米	日　　期	水位/米	日期	
青　浦　区							
商塌	急水港	淀山湖	3.60	1993 年 8 月 22 日	3.91	7 月 2 日	0.31
淀峰	拦路港	泖河	3.69	1954 年 8 月 2 日	3.89	7 月 2 日	0.20
泖甸	拦路港	泖河	3.78	1989 年 9 月 18 日	4.04	7 月 3 日	0.26
金泽	太浦河	泖河	3.66	1993 年 8 月 22 日	4.09	7 月 2 日	0.43
三和	大蒸塘	园泄泾	3.68	1993 年 8 月 22 日	3.99	7 月 2 日	0.31
南门	拓泽塘	油墩港	3.56	1954 年 8 月 3 日	3.77	7 月 1 日	0.21
赵屯	吴淞江	黄浦江	3.64	1977 年 8 月 22 日	3.93	7 月 1 日	0.29
松　江　区							
米市渡	黄浦江	—	4.27	1997 年 8 月 19 日	4.12	7 月 2 日	-0.15
夏字圩	斜塘	横潦泾	3.93	1997 年 8 月 19 日	4.05	7 月 3 日	0.12

（续表）

站名	河名	流入何处	历 史 最 高		1999 年最高水位		超历史/米
			水位/米	日 期	水位/米	日 期	
松 江 区							
泗泾	泗泾塘	通波塘	3.47	1995 年 7 月 6 日	3.73	7 月 1 日	0.26
陈坊桥	辰山塘	沈泾塘	3.48	1993 年 8 月 19 日	3.69	7 月 1 日	0.21
华田泾	新西大盈	泖河	3.81	1989 年 9 月 18 日	4.05	7 月 3 日	0.24
金 山 区							
洙泾	—	泖港	4.07	1997 年 8 月 19 日	4.08	7 月 2 日	0.01
枫围	黄良河	向塘港	3.75	1977 年 7 月 11 日	3.96	7 月 2 日	0.21
张堰	张泾河	竖潦泾	3.73	1977 年 8 月 22 日	3.77	7 月 1 日	0.04
邱移庙	六里塘	掘达泾	3.76	1977 年 8 月 22 日	4.02	7 月 2 日	0.26
嘉 定 区							
蕴西闸外	蕴藻浜	黄浦江	3.56	1985 年 8 月 1 日	3.90	7 月 1 日	0.34
黄渡	苏州河	黄浦江	3.93	1957 年 7 月 4 日	3.97	7 月 1 日	0.04
北新泾	苏州河	黄浦江	4.08	1991 年 8 月 7 日	3.96	7 月 1 日	−0.12

经对代表站水位系列的频率初步分析各主要支流水文站重现期差异较大，一般在 50 年左右，越接近下游重现期则越低，说明上海市西部地区遭受洪水影响较下游地区严重。

2）雨洪增水

黄浦江干流在太湖洪水及地区暴雨的共同影响下，沿程各站潮位纷纷抬高，雨洪增水十分明显。图 4-11 为黄浦江干流吴淞站、黄浦公园站以及米市渡站梅雨期间日最高潮位增水过程，从图中明显可见，6 月 7—10 日和 6 月 23—30 日两个阶段各站普遍出现增水。其中上游米市渡站增水最大，两次降雨过程出现两个增水峰值，黄浦公园站次之，吴淞站尽管位于黄浦江河口，但雨洪增水也较明显。

7 月 3 日米市渡最高潮位雨洪增水达 1.02 米，对应黄浦公园站为 0.62 米，吴淞站也有 0.36 米的增水。

3）黄浦江上游及太浦河来水量的分析

上海市承泄的太湖洪水及杭嘉湖涝水主要由黄浦江三大支流及苏州河汇入

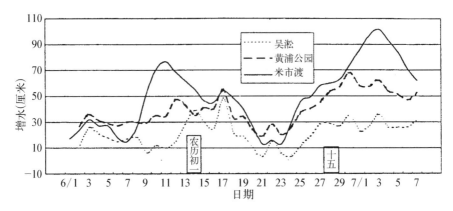

图 4-11　黄浦江梅雨期日最高潮位雨洪增长过程

黄浦江入海。梅雨期间,通过黄浦江松浦大桥断面的客水约 28.6 亿立方米,通过苏州河赵屯断面客水为 1.23 亿立方米,合计为 29.83 亿立方米。加上其他支流泄洪水量,总行洪量超过 30 亿立方米。

　　梅雨期间,通过黄浦江上游松浦大桥断面平均净泄流量为 976 立方米/秒(合净泄水量 37.1 亿立方米,其中客水占 77%),为常年的 3 倍,比正常年份增加下泄水量 25.6 亿立方米。测得最大日平均净泄流量为 1 920 立方米/秒(7 月 1 日),为实测系列历史之最。由于降水的时间分布不均,各阶段来水不等,其中 6 月 7—30 日平均净泄流量为 846 立方米/秒,7 月 1—7 日为 1 650 立方米/秒,7 月 8—20 日为 852 立方米/秒。梅雨过后,由于太湖持续泄洪及小潮汛作用,7 月 20—25 日净泄流量仍高达 883 立方米/秒。

　　太浦河开通后,平水年黄浦江上游三大支流斜塘、园泄泾、大泖港净泄流量基本接近,其中大泖港略小。梅雨期间(6 月 7 日至 7 月 20 日),夏字圩断面净泄流量占松浦大桥断面净泄水量的比例比平水年增加 6%,园泄泾增加 1%,大泖港减少 14%。其中 7 月 8—20 日,太浦河开闸泄洪,平均泄流量达 550 立方米/秒左右,期间斜塘来水比例增加到 48%—50%,比平水年比例增加 14%(见表 4-12)。

　　太浦河是太湖向黄浦江泄洪的主要通道之一。梅雨期通过练塘水文站的下泄水量达 15.01 亿立方米,平均净泄流量为 395 立方米/秒。其中 6 月 7—30 日平均流量 305 立方米/秒。7 月 1—7 日平均流量 554 立方米/秒,最大 7 月 5 日达 577 立方米/秒。7 月 8 日起,太浦河闸开闸泄洪(7 月 8—20 日下泄水量约为 5.95 亿立方米),太浦河练塘水文站 7 月 8—20 日平均流量 476 立方米/秒,占

表 4 - 12　梅雨期间各支流来水情况

支　　流		斜　塘	圆泄泾	大泖港	区间来水
平水年所占百分比		35	34	28	3
梅雨期间	净泄水量	15.24	13.03	5.23	
	平均流量	401	343	138	
	所占百分比	41	35	14	10
	其中：最大百分比	48—50	36	15	13
	时　段	7月8—20日	7月1—20日	6月7日—7月7日	7月1—7日

注：水量：10^8立方米，流量：立方米/秒。

该阶段太浦河水闸泄洪流量的 90%。

此外梅雨期间，苏州河上游赵屯断面平均净泄流量为 32.3 立方米/秒，合计泄洪量 1.23 亿立方米，远大于常年 6 立方米/秒左右净泄流量。

黄浦江米市渡站超过警戒水位 3.5 米以上，历时 113 天，青松大控制内青浦南门站最高水位 3.77 米，比原历史记录抬高 0.21 米，造成严重内涝。此外，苏州河内河两岸堤防出现漫溢，局部受淹。

据上海市有关部门统计，郊县受淹 8.45 万公顷（约折合 126.7 万亩），倒塌房屋 690 间；市区积水路段 220 条段，居民住宅进水 4.7 万户（次）。发生 10 起坍塌事故。全市经济损失约 8.7 亿元，其中保险理赔约 1.1 亿元。

4.3.3　小结

1999 年上海的雨情、水情特点如下：

（1）梅雨期龙华站累计雨量、全市平均梅雨量及最大 7 日、15 日、30 日梅雨量均为历史之最。

（2）上海市西部地区有 17 个水文站水位超历史记录，破记录站点、幅度及连破记录的天数为历史之最。米市渡最高潮位高达 4.12 米（7 月 2 日）。

（3）黄浦江松浦大桥水文站最大日平均流量高达 1 920 立方米/秒（7 月 2 日），为实测记录历史之最。

（4）梅雨产生全市地表径流量约为 40 亿立方米，大部分通过水闸合理调度乘低潮排出。梅雨期间，太湖流域通过上海市主干河道下泄洪水多达 39 亿立方米，两者合计黄浦江全泄水量近 80 亿立方米。

4.4　太湖洪水位抬升的原因与区域除涝

据太湖流域在 20 世纪发生的五次大洪水,结合"治太工程"基本建成后的实况,发现太湖洪水位抬升的新问题。通过对湖荡湿地的变化、下游潮位顶托和历史气候波动等综合分析,对不同因素引起的洪水位抬升值,作了初步估算。从太湖流域洪水受灾情况,检验由洪水位抬升而产生的受灾程度,使人们高度关注起太湖流域的防洪减灾问题。

4.4.1　太湖洪水位抬升的现状

表 4-13　太湖湖区及苏州站各阶段年最高水位

站名	项　目	1950—1959 年	1960—1969 年	1970—1979 年	1980—1989 年	1990—1999 年	2000—2009 年
湖区	十年平均水位/米	3.71	3.57	3.54	3.83	4.07	3.74
	时段最高水位/米	4.65	4.24	4.01	4.42	4.97	4.17
	发生年份	1954	1962	1977	1983	1999	2009
	≥4.0 次数	2	1	1	4	5	1
苏州站	十年平均水位/米	3.48	3.35	3.32	3.60	3.85	3.69
	时段最高水位/米	4.37	4.09	3.76	3.96	4.50	4.03
	发生年份	1954	1962	1975	1983	1990	2009
	≥3.7 次数	3	1	1	5	6	5
米市渡	十年平均水位/米	3.49	3.39	3.41	3.70	3.83	4.01
	时段最高水位/米	3.80	3.60	3.56	3.86	4.27	4.38
	发生年份	1954	1962	1977	1989	1997	2005
	≥3.8 次数	1	0	0	1	7	7

从表 4-13 知,太湖湖区历年最高水位变化,1950—1959 年间平均值为 3.71 米,大于等于 4.0 米的为 2 次,而 1990—1999 年间平均值为 4.07 米,大于等于 4.0 米的为 5 次,并与上游苏州站资料比较,反映太湖水位抬升现象显著。

同时,1990—1999 年间太湖湖区平均水位 4.07 米,而 2000—2009 年间为 3.74 米,两者相较,似乎水位并没有抬升。但经与下游米市渡相应平均水位相比较,反映在黄浦江上游河道水位抬升现象更为显著。

造成这种太湖洪水位持续抬升的原因是什么？现从以下几个方面进行分析。

4.4.2　太湖洪水位抬升的原因分析

1) 湖荡围垦对湖泊湿地变化的影响

湿地是介于陆地和水域之间的独特的生态系统，具有生态过渡带的特性，不仅具有广泛的地理分布，而且水文环境条件也有广泛的差异。1971 年《国际湿地公约》将湿地定义为：不论天然或人为，永久或暂时，静止或流动，淡水或咸水，由沼泽、泥沼、泥炭地或水域所构成的地区，包括低潮时水深六米以内的海域。

太湖属我国东部平原湖泊湿地之一。太湖的湿地面积变化对太湖洪水位的抬升作用是显然的。据江苏省有关资料记载，新中国成立以来太湖流域因湖荡围垦面积达 528 平方千米之多，使太湖湿地的面积发生了变化。江苏省用太湖流域水文动力模型方法，依据 1954 年和 1991 年实测雨型，并模拟围垦前后的湖泊情况进行了最高洪水位的计算。计算结果为，由于湖荡围垦而导致太湖水位抬高 0.09—0.14 米，其中湖西洮滆片抬高 0.15—0.20 米，湖西运河片抬高 0.10 米左右，淀泖片抬高 0.07—0.10 米，澄锡虞、阳澄片及杭嘉湖片抬高 0.05 米；南排片抬高不足 0.05 米左右。由此看来，根据湖荡围垦的程度，会导致洪水位不同程度的抬升。

虽然湖荡围垦的影响是全流域的，但影响的程度还是与围垦面积的分布有一定关系。它打乱了太湖平原原有的水系格局，造成一些河道泄洪不畅，是太湖洪水位居高不下的原因之一。

2) 潮汐顶托的影响

由于太浦河等流域综合治理工程的加快实施，使上海黄浦江水位发生了明显的抬升趋势。以米市渡站为例，1948—1988 年期间实测最高潮位为 3.80 米（1954 年出现），该记录保持了 40 年。1996 年至 2013 年间的 18 年，年最高水位超过 4.00 米达 11 次，其中以 2013 年水位最高，达 4.61 米，超过 1954 年水位达 0.81 米（见表 4-14）。这表明由于 1991 年太湖洪水时炸开红旗塘、钱盛荡坝基后，进行排水和以后太浦河的开通，水环境的显著变化使江潮逐渐上溯，潮流界相对上移，同时遭受暴雨难以宣泄，由此造成米市渡站水位的不断抬升。

从米市渡站净泄流量看，1999 年梅雨期间，米市渡断面的最大净泄流量达 1 920 立方米/秒，比 1991 年增加了 520 立方米/秒。这说明太浦河开通后，在洪水期间,一方面通过太浦河加大了太湖洪水下泄量,这样有利于缩短上游洪水退水的时间;但另一方面也明显抬高了黄浦江沿程水位,增加了上海地区行洪、排涝的压力(见图4-12),从图中可以看出1999年代表太浦河(上海段)附近的泖田站最高水位明显高于1991年。当拦路港、红旗塘等进一步疏拓开通后,其影响可能更大。

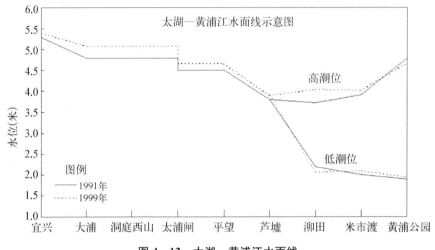

图 4-12　太湖—黄浦江水面线

因此,太湖洪水下泄,还受黄浦江潮汐,特别是天文大潮和风暴潮的顶托,同时区间暴雨较大,降雨产流汇集,这样势必会雍高沿程水位,对黄浦江上中游地区大面积低洼地造成严重洪涝威胁。

3) 气候波动的关系

太湖流域洪水是上海洪涝灾害的潜在威胁,而太湖洪水与气象因素又有密切的关系。因此,必须关注气象因素,主要有以下四种情况:

(1) 梅雨持久,雨区较大,暴雨频繁,在6月份雨量尤为集中,历时约30—45天,例如1954年、1991年和1999年,太湖湖区水位最高达4.67—4.97米。

(2) 梅雨明显,历时较短,随后热带气旋来临,在7—9月,台风雨强度大,历时约3天。例如1931年,太湖水位最高为4.40米。

(3) 秋季受锋面活动的影响,亦形成大水,如1980年最高水位为4.26米。

(4) 受强热带气旋影响,发生大水,如1962年最高水位为4.24米。

上述前(1)、(2)两种情况,影响面广,历时又长,致灾严重;后两种情况,历时较短,但来势十分猛烈。因此,太湖流域洪水的发生发展与气象因素波动变化是密切相关的。

4.4.3　太湖洪水位抬升的危害与除涝

根据太湖流域三次大洪水灾害损失统计资料(见表4-14)，1991年汛期，太湖流域降水量低于1954年(为50年一遇)，但局部地区降雨超过百年一遇，并受湖荡湿地减少的影响，由于苏、锡、常地区大批近年发展的乡镇企业被淹，损失很大，全流域经济损失超过了1954年。

表4-14　太湖流域三次大洪水受灾情况

项　目　＼　年　份	1954	1991	1999
受灾害农田/万公顷	52.3	34.1	33.9
歉收粮食/亿公斤	11.0	9.4	9.8
死亡人数/人	241	83	6
当年估价损失/亿元	6(约)*	109.0	131.1
其中　江苏占/%	40	79	16
浙江占/%	43	12	78
上海占/%	17	9	6

注：*为当年估价值，若折算现状(指1991—1999年)比价，至少百亿元左右。

1999年的大洪水全流域经济损失仍较大，但由于基本建成的治理太湖的骨干工程发挥了重要作用，使其退水速度加快，这样大大减轻了水网地区的灾害损失程度。实际上对于1999年大洪水来说，一是超标准降雨影响，二是下游潮位顶托影响，致使杭嘉湖区及上海黄浦江上游地区仍出现严重的洪涝灾害。

现从太湖洪水对上海区域排涝的影响与设防问题探讨如后。

据1980年《上海郊区水利建设规划(1981—1990年)》草案，全市划分为14个水利片，水利片基本上由外围堤防、水闸、泵站、片内河道(内河)以及圩区组成。圩区是指地势低洼的独立排涝区域，四周又筑有堤防、水闸和排涝泵站，现有圩区385个，控制面积186万亩，已建有排涝泵站1 059座，排涝流量1 834立方米/秒，平均除涝标准已达15年一遇；但部分低洼区的排涝模数低于1.2立方米/秒/平方千米，占54.5%，易发生涝灾。已建水闸1 991座，利用水闸进得调水和防汛排涝泄水。根据水利片或圩区内的降雨量或内河水位变化情况，在防汛期间，部署开闸泄水，以降低内河水位，排降片内涝水。

在1991年和1999年太湖洪水时，破圩受灾的大部分是小圩区，而大型圩区很少破圩。例如,青松大控制片是太湖下游最大的圩区之一,面积为728平方千米,自1970年以来的水利建设,完成主要堤防达到20—50年一遇,大型节制闸21座,内河有淀浦河、油墩港等骨干河道,具备灌溉、排涝、防洪以及航运等功能;其外围建有足够的排洪河道,以备上游洪水宣泄,可见青松片的水利效益十分显著。

当太湖全域出现大面积、长历时的暴雨,在太湖洪水下泄期间,同时若遇高潮位顶托,将使外河水位越来越高,以致水利片和圩区积水难排,而导致次生洪涝灾害,因此建议将控制太湖洪水位的抬升问题纳入今后太湖洪水治理规划的重要议题之一。

第5章 上海历史风暴潮调查

　　风暴潮是上海地区威胁最为严重的灾害，它来势迅猛，往往致灾严重。为此，上海通过修筑堤防或水闸等防御工程减轻风暴潮的灾害，而各项防御工程建设需要设计依据，上海黄浦江防洪设计标准为千年一遇，实测潮位资料仅有百余年，故需要进行历史洪水（或风暴潮）调查，追溯几百年前的历史信息，供设计参考。

　　上海县城的建立，最早大概可以追溯到700年前。历史记载着多次风暴潮灾害引发"水高"和"人民死亡"的事件，特别是康熙三十五年（1696年）、雍正十年（1732年）的风暴潮灾害，几乎使上海地区遭到毁灭性的打击。为此我们着重在长江口的宝山、川沙和南汇一带专门进行历史潮位调查研究，发现1696年的风暴潮是上海近500年来的特大风暴潮，1732年的风暴潮有着颇为特殊的灾情，现将这两次历史风暴潮作为专题编撰。

5.1　风暴潮史料与灾害简况

　　上海地区历史水利文献资料丰富，其中历史风暴潮资料，经收集调查，大致上可分为下列三类：

　　1）调查成果资料

　　1984年进行"黄浦江潮位分析"课题研究时，对光绪三十一年（1905年）风暴潮进行重点调查潮位分析。1998年上海市科委立题"黄浦江河口建闸工程规划研究"时，于1999年在河口上下游调查时，发现康熙三十五年（1696年）和雍正十年（1732年）风暴潮遗址，并提出调查研究成果（详见本章备注）。

　　2）地方志文献资料

　　上海地区的地方志文献众多：最早为《云间志》（云间即今松江），修于宋代绍熙四年(1193 年);明代有嘉定、松江(府)、崇明、金山和华亭(今松江)县府志,始于明正德年间修订;上海、青浦等县志,始于明万历年间修订;清代有南汇、宝山和奉贤等县志,始于清雍正至乾隆年间修订;民国时期亦有些县曾续修县志。有的县、府在各个年代相继续订。例如嘉定县志有正德、万历、乾隆、道光和民国等不同版本,在引用时须加区别。

据地方志汇编整理的气候水文成果有《中国历代灾害性海潮史料》《华东地区近五百年气候史资料》等。

3) 笔记、诗集等文学作品材料

历史笔记、诗集等文学作品散见于民间的史料,对风暴潮灾害的记载远较地方志详尽,可补充地方志的不足,这类作品主要有《历年记》《三冈识略》等,见表 5-1。

表 5-1   主要引用历史笔记编目

作　者	书　名	修订年份	地　点
姚廷遴	历年记	1697	上海
董　含	三冈识略	1697	华亭(松江)
黄之隽	唐堂集	1734	华亭(松江)
褚　华	沪城备考	1813	上海
王汝润	馥芬居日记	1868	嘉定

此外,还参阅了《林则徐集》《国朝诗别裁集》和《孚惠全书》等文献。

上述均为清代的笔记文献,对上海地区的年岁丰歉、气候冷暖、水旱灾害、疫疠和赈济等记载较为详备,足以为风暴潮史料提供依据。

据《上海水利志》记载,自 1493 年(明正统四年) 至 1990 年,约 550 年间,上海地区出现严重风暴潮灾计 30 次,平均约 18 年出现 1 次。严重的飓风潮溢,往往会"水高丈余" 和 "溺死万人",相关的记载与描述,也提供了调查历史风暴潮的依据。

在历史文献中,对灾情的描述有"漂庐舍、淹禾稼、坏海塘、没盐场和溺居民"等,其中以溺死人数为害最大,可作为调查特大风暴潮的重要指标。上海的风暴潮灾害,历史记载死亡人数数千至近万以上的有 15 次,其中 1696 年风暴潮死亡人数为数万(《历年记》)至十万余(《三冈识略》)(见表 5-2)。

我国沿海地区在 17 世纪至 20 世纪初,遭受特大风暴潮灾害的死亡人数摘要如表 5-3 所示。

表 5 - 2　上海地区明清时期因灾死亡人数简况

序号	年份	农历月日	主 要 地 点	死 亡 人 数
1	1390	七月初一	松江、崇明	二万余
2	1461	七月十五	上海、崇明、嘉定	一万二千五百
3	1472	七月十七	松江、金山	万余
4	1539	闰七月初三	嘉定、宝山	数万
5	1575	六月初一	川沙	几及万
6	1582	七月十三	苏松六州县	（二万）
7	1591	七月十六	上海嘉定	二万余
8	1654	六月十一	宝山吴淞所	以万计
9	1696	六月初一	嘉定上海川沙等	十万余
10	1724	七月十八	崇明	二千余
11	1732	七月十六	松江南汇崇明等	近十万
12	1747	七月十四	上海南汇	二万余
13	1781	六月十八	崇明	一万二千
14	1831	七月二十八	崇明	九千五百
15	1905	七月初三	崇明、宝山	一万八千

表 5 - 3　中国沿海历史特大风暴潮灾情

年　份	历中纪年	潮灾地区	死 亡 人 数
1628	崇祯元年	浙江杭州湾	八万
1696*	康熙三十五年	上海长江口	十万余
1724	雍正二年	江苏东台一带	近五万
1732	雍正十年	上海长江口	近十万
1854	咸丰四年	浙江台州一带	三五万
1862	同治元年	广东珠江口	十余万
1922	民国 11 年	广东汕头一带	七万

注：＊据《中国水旱灾害》记载，1696 年嘉定、宝山县潮灾死亡 8.7 万人。

从表 5 - 3 可知，1862 年广东珠江口死亡"十余万人"，灾情最为严重。其次 1696 年上海长江口死亡"十万余人"。据康熙三十九年（1700 年）的人口统计，上海地区全境约为 200 万人,则 1696 年风暴潮灾死亡人数占全境的 5%,死亡率较高。因此,本书以 1696 年、1732 年史料为主,进行上海地区历史风暴潮位的调查研究。

5.2　1696 年特大风暴潮的调查研究

1997 年上海遭受严重风暴潮侵袭后,防汛安全存在潜在威胁,为市区防汛墙工程复查需要,再次对历史风暴潮调查研究。根据上海地区丰富的地方志和历史笔记,在风暴潮史料考证和现场调查的基础上,提出以地面和水面为起算面的潮位推算方法,把文字定性描述转化为定量数据依据,推得 1696 年的最高潮位为 500 年一遇的高水位,是黄浦江河口的历史特大风暴潮,为风暴潮灾害研究提供了条件。然后应用现代水文水力学等科技手段,建立"历史模型"并进行分析,证明了该历史特大风暴潮记载的可靠性,可供设计潮位理论频率计算等借鉴。

5.2.1　1696 年(清康熙三十五年)风暴潮史料记载

清康熙三十五年六月朔(1696 年 6 月 29 日)台风风暴潮,自南通至嘉定,桐乡至南汇等 20 余个府县受灾,均有地方志记载。同时,历史笔记、诗集等文学作品也有记载,可补地方志之不足。现将《三冈识略》《历年记》等所记 1696 年风暴潮情况摘录如下:

《三冈识略·续识略》:"康熙三十五年六月初一日,大风暴雨如注,时方状亢旱,顷刻沟渠皆溢,欢呼载道。二更余,忽海啸,飓风复大作,潮挟风威,声势汹涌,冲入沿海一带地方几数百里。宝山纵亘六里,横亘十八里,水面高于城丈许;嘉定、崇明及吴淞、川沙、柘林、八九团等处,漂没海塘千丈,灶户一万八千户,淹死者共十万余人。黑夜惊涛猝至,居人不复相顾,奔窜无路,至天明水退,而积尸如山,惨不忍言。"

《历年记·续记》:"康熙三十五年六月初一日,大风潮,大雨竟日,河中皆满。宝山*至九团南北二十七里,东海岸起至高行,东西约数里,半夜时水涌丈余,淹死万人,牛羊鸡犬倍之,房屋树木俱倒。"又:"川沙营报上司云:风狂雨大,横潮汹涌,平地水泛,以演武场旗杆木水痕量之,水没一丈二尺,淹死人畜不可数计。"(注:上述两处宝山*指今川沙县高桥镇的"老宝山城",参见图 5-1。)

张永铨(康熙三十二年举人)《海啸行》:"康熙丙子六月朔(即康熙三十五年),阳候肆横风涛作。暴雨须臾没野田,怒涛顷刻盈沟壑。"接着描述几种逃生情况:"或钻屋顶求身脱,身随茅屋偕飘泊。或抱栋梁任所之,风来冲激东西散。或攀树杪得暂浮,人蛇俱已赴沧洲。"接着写长江口的情景:"遥见波中有一沙,千人沙上呼救命。潮来一捲半云亡,再捲沙沈人已竟。"最后,感叹无奈"我闻异变心悲怜,人命拉朽须臾间",等等。

在历史文献中,以溺死居民为害最大,可作风暴潮灾害的重要指标。对1696 年灾害死亡人数的初步分析若按漂没"灶户一万八千户",灶户每家以 3—4 人计,估算该次潮灾死亡约为 5—7 万人左右。可见历史文献记载死亡人数为10 万余人,有一定水分,但属于尚可信的情况。

5.2.2　历史高潮位的调查考证

在我国滨海河口平原地区,难以查找到具体的水痕位置。但平原地区地面平坦,通过古建筑物,如城墙、庙宇和老屋等高程调查,了解其地面变动情况,可借以确定历史潮位的起算面。由于市区外滩黄浦公园等处已无清代建筑遗址,我们重点调查了黄浦江河口一带。据地方志和历史笔记的调查地点如图 5-1 所示。

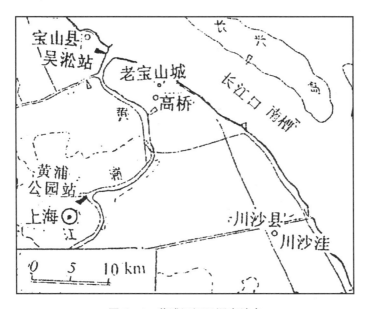

图 5-1　黄浦江河口调查地点

1) 历史潮位的调查方法

（1）以地面为起算面。

老宝山城（今当地居民习称）位于川沙县高桥镇东北四华里处，清康熙三十三年（1694年）所建，原称"宝山所"，是清代驻防兵士三百名左右的城堡，"方广六十四亩"（约相当于两个大型足球场面积），规模甚小。现尚存南门城洞（已列为上海市文物保护单位）残垣和城隍庙旧屋，其原地面已被填高，经测得原地面高程在3.0—3.1米（见图5-2）。

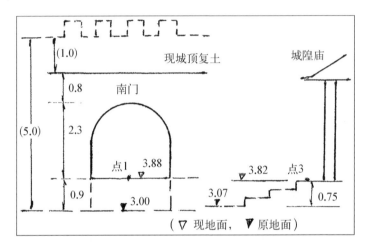

图5-2　老宝山城南门城洞复原（单位：米）

从图5-2，按历史笔记对1696年风暴潮描述，水面"高于城丈许"和"水深丈余"，判断由城墙地面起算，推得该年最高潮位6.2—6.6米（清代一丈折算为3.2米），较为可靠。

川沙县东门外为清代大演武场，原为"川沙洼"，地势较低，当年在旗杆木上"水没一丈二尺"是可信的，经调查该处地面为3.0米，推得1696年高潮位在6.8米，但与距川沙6.5千米的"青水洼"地面比较，可能已填高约0.4米，则高潮位在6.4米，可作旁证。

（2）以水面为起算面。

有些文献记载的"水高丈余""水涌二丈"等，缺乏起算面的说明，需考证其是何种"水面"起算，然后赋予正确的起算面。以水面为起算面，可从当地潮汐特征检验推算，即采取与潮汐特征相拟合的方法；如按年平均半潮位或年最低潮位等为起算面，其推算的差值与"水高"相符时，则确定最高潮位。现据1905年、1732年和1696年等各次具有"水高"的记载，经拟合起算面的验算成果如表5-4所示。

表 5 - 4　黄浦江口"水高"的起算面拟合

拟合起算面	吴淞高程/米	适用"水高"
多年平均半潮面	2.20	丈余,一丈四五尺
历年最低潮位	−0.25	二丈或二丈余

由表 5 - 4 知,据嘉定志记载"滨海平地,水一丈四五尺"(滨海平地指今宝山一带,1724 年前宝山属嘉定县辖地),以年平均半潮面 2.2 米起算,推得 1696 年最高潮位至少在 6.6 米,评价尚为可靠。

2) 1696 年历史高潮位的推算

该年各种史料对"水高"描述有:①《历年记》:"宝山……半夜水涌丈余。""川沙……以演武场旗杆木水痕量之,水没一丈二尺。"②《三冈识略》:"宝山……水面高于城丈许。"③《〈沪城备考〉补遗》(系清嘉庆十八年编写):"冲坏宝山城,水高二丈。"(后来补记,仅作参证)④ 嘉定志(当年含宝山在内)"滨海平地,水一丈四五尺"等处,按各相应起算面推得潮位如图 5 - 3 所示。

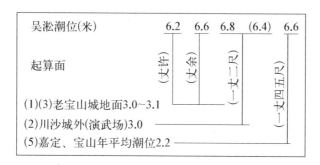

图 5 - 3　1696 年历史高潮位估算

从图 5 - 3 知,以老宝山城具有确切地点和高程,尽管地形地貌变迁,但该处高程相对稳定,从而推算黄浦江口 1696 年最高潮位为 6.2—6.6 米,取均值 6.4 米。

此外据《历年记》,在上海县城厢(今南市)称"止言水高四尺"(折算 1.35 米),今南市地面一般在 4.0 米,考虑吴淞口至黄浦公园站潮位最大落差为 0.64 米,延伸至南市处估算为 0.7 米,则推算 1696 年吴淞口最高潮位在 6.1 米,可供旁证。

5.2.3　1696 年风暴潮的"历史模型"分析

按黄浦江风暴潮的特性,进行水文水力学方法的估算途径有二:

1) 水文统计组合方法

从台风暴潮的组成因素分析,可由天文潮位和台风增水两者遭遇组成,即 $H_i = G_i + \Delta H_i$,其中天文潮 G_i 由调和分析法计算,台风增水 ΔH_i,由实测潮位(Hi)减去其相应的天文潮位(G_i)推得。现据吴淞站实测资料统计,天文大潮的历年最高潮位达 4.65 米,台风增水的历年最大值为 1.86 米。选择 1956 年和 1997 年风暴潮型,按 1696 年调查潮位进行组合分析,方案(A),5612 号台风在浙江登陆,遭遇天文小潮汛时,实测吴淞潮位 4.41 米,其相应最大增水为 1.86 米。假定该次台风发生在天文大潮汛时,则潮位显著抬升。方案(B),9711 号台风在距上海 300 千米的浙江温岭登陆,吴淞潮位达 5.99 米,其相应天文潮位 4.54 米,已接近历年天文大潮记录。假定该次台风路径移向上海距 100 千米处登陆,上海将处于台风涡旋区,则气压梯度大,风力最强,形成接近最大增水情况(见表 5-5)。

表 5-5 1696 年吴淞高潮位的模拟成果

类别	台风编号	TC5612	TC9711	TC0012	
	发生月日	8月2日(六月二十七)	8月18日(七月十六)	8月31日(八月初三)	
实况	实测潮位/米	4.41	5.99	5.87	
	增水值/米	1.86	1.49	1.37	
	最大风力(级)	12	10	11	
	台风路径	距100千米登陆	距300千米登陆	距上海120千米海上转向	
组成分析	模拟方案	A	B	C	D
	模拟方式	假定台风与天文大潮汛遭遇	假定台风登陆距上海100千米处	假定台风路径向西1°接近上海	假定转折前移动方向沿122°E北上
	天文潮位/米	4.65(实况最大)	4.54(原天文潮)	4.50(原天文潮)	4.50(原天文潮)
	增水值/米	1.86(原增水)	1.86(实况最大)	1.78(计算)	2.04(计算)
	高潮位/米	6.51	6.40	6.28	6.54

注:方案(A)、(B)为统计组合法,方案(C)、(D)为数学模拟法。

2) 应用数学模型模拟方法

据《派比安台风对上海黄浦江潮位的影响成因探讨》,经选用 2000 年 12 号派比安台风,其中心气压965百帕,近中心风力最大12级(35米/秒),长江口高桥站最低气压在985.7百帕,最大风力11级(29.7米/秒),在临近上海时,7—9级东北大风持续时间达19小时,有利增水。应用与国家海洋环境预报中心合作建立的上海及其临近水域的台风风暴潮预报模式SLOSH(sea, lake, overland surge from hurricanes),制订演算方案(C),假定台风向西移动一个经度,到达122.2°E和122.7°E;方案(D),假定在台风转折点前的移动风向沿122°E北上,形成最大增水情况,详见表5-5。

综上所述,从"历史模型"拟合1696年历史特大风暴潮位在6.3—6.5米。

通过对"历史模型"的统计组合和数学模拟合分析,有助于认识风暴潮的规律性,类似1696年风暴潮的条件是存在的(如1956年、1981年、1997年和2000年各次),若稍有异常,即酿成特大风暴潮。由此推断,形成1696年特大风暴潮,可能为浙北登陆北上(如方案A,1956年型)和近海转向北上(如方案C,2000年派比安型)两类路径(见图5-4)。因此上海防台防潮形势是严峻的,决不可掉以轻心。

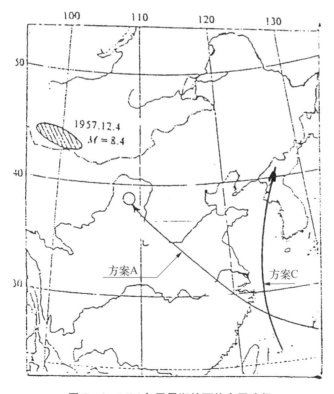

图5-4　1696年风暴潮的可能台风路径

5.2.4 1696 年高潮位的重现期

在黄浦江河口一带,经调查推算的历史高潮年份,以 1696 年(清康熙三十五年)高潮位 6.4 米为最高,其次有 1539 年(明嘉靖十八年)和 1732 年(清雍正十年)分别推得为 5.9 米和 6.1 米。据吴淞站实测资料自 1912 年迄今,约 90 年系列,以 1997 年潮位达 5.99 米(未经一致性还原修正)为最高。现将吴淞站实测潮位系列和历史调查潮位组成统一样本,推得黄浦江河口 1696 年风暴潮位的重现期为 300 年一遇或 500 年一遇(见图 5-5)。

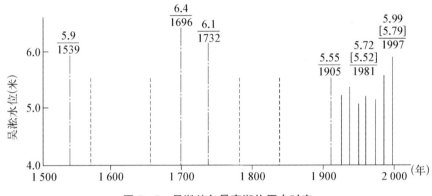

图 5-5 吴淞站年最高潮位历史时序

为探索 1696 年历史高潮的重现期,经上溯至 1500 年的潮灾资料,发现 1539 年(明嘉靖十八年闰七月初三)的严重风暴潮,可予以比较。据苏州、嘉定等志:"飓风海溢,水涌三丈";南通、常熟、宝山等志:"海滨水涌二丈",另有南通地区"溺死民灶男妇 29 000 余口",泰州"数千人"和崇明"数百人"等死亡记载。经应用天生港、浏河口和高桥等站的实测潮位资料检验,基本上系按最低潮位起算,"二丈"约为 6.1 米。因此,估算吴淞口 1539 年最高潮位为 5.9 米左右,可供参考(见图 5-5)。

5.2.5 小结

根据上海地区 500 年历史文献资料,通过调查考证,模拟分析等工作,认为:

(1) 在潮位的调查方法中,提出识别"水高""起算面"的途径,适用于沿海平原地区,将历史风暴潮的定性描述,转向定量化,使众多的历史文献资料,得到发掘利用。

(2) 在推得历史调查潮位的基础上,以台风路径、天文潮和实测潮位过程等资料为依据,建立"历史模型",通过模拟分析,确认台风增水与天文大潮的遭遇关系,提供我国沿海地区对水利工程设计计算和特大风暴潮的研究途径之一,具有实际意义。

5.3　1732 年风暴潮与地震遭遇的考证

风暴潮是上海威胁最大的自然灾害,1997 年第 11 号台风侵袭后,对长江口的历史风暴潮作再次调查时,发现 1732 年(清雍正十年)风暴潮,既是强台风侵袭,也可能呈现某些地震海啸特征,从而提出风暴潮与地震遭遇的调查探讨如后。

5.3.1　1732 年(清雍正十年)历史风暴潮的调查

据《清史编年》,雍正年间的南汇县志、乾隆年间宝山县志和历史笔记《唐堂集》等 21 个府县文献资料,都记载了 1732 年风暴潮灾害的情况。

汇集这些记载,长江口自江阴以下,至河口南汇的沿海地带,在 1732 年 9 月 4 日半夜(清雍正十年七月十六日夜二鼓)飓风大作,暴雨如注,潮如山立,声如万雷,顷刻间海水冲垮了沿海沿江海塘,淹没了平原上的村庄和盐场,离海较近的城镇也是一片汪洋,只见屋脊漂浮。这次潮灾,死亡近十万人,其中南汇境内,统计死什六七,甚至有全家三十五口,幸免于难仅一人的惨景。

据《清史编年》:"本日,江南沿海大风雨,松江、太仓、崇明、宝山、江阴等处漂没人口近十万。"又载"风雨狂聚,海潮陡涌,盐场居民、灶户淹没甚多,除已漂没外,冲坍房屋二万八千三百六十间,受灾失所男妇三万八千人",等等。

据华亭(今松江)黄之隽的《海啸叹》:"壬子七月十八九(在灾后三四天),羽檄纷驰报郡守,上海南汇两邑人,一旦其鱼几万口,郡守告予往勘灾,华(亭)娄(县)两宰同去来,目惨不忍齿颊述,芦苇掩胔心神衰,余则入海不可问,田庐荡荡无尘埃……。"

上述记载,距今已 260 余年,由于撰写人亲身查勘的笔录,其文献的可靠性应予肯定。

1999 年在宝山、川沙等河口沿海一带,对 1732 年风暴潮进行了调查、考证与估算,据宝山志记载"海潮溢岸丈余",南汇志记载"平地水深三四尺"等 5 处调查高程,推得吴淞高潮位在 5.9—6.3 米,取均值 6.1 米(见图 5-6)。

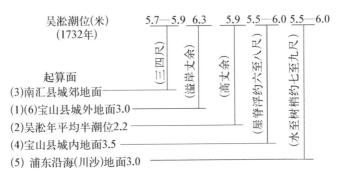

图 5-6   1732 年历史高潮位估算

5.3.2   1732 年沿海灾难类似地震动感的景象

在滨海地区遭受海啸的一般景象为,灾前海面风平浪静,晴空万里,甚至潮水突然退了下去,然后瞬间异常突发,几米高巨浪冲上海岸,并伴有震耳欲聋的巨响,接着陡涨的海水侵入岸上,所到之处,犹如摧枯拉朽般地席卷一切;有的还会留下地震动感的特点等。现将 1732 年发生的类似景象摘录如下:

1) 突如其来灾难

据长江口两岸 21 个府县的地方志记载,1732 年风暴潮以宝山、上海和南汇三县的伤亡人数最多;其中最悲惨的遭遇,就是居南汇五团顾昺一家:"顾有厅堂 20 余楹,是夕之变,尽没家 35 口,顾凭大木乘浪而西,至内塘冻饿一日不死。"事后顾作招魂词:"余家聚庐托处 200 余年,运逢百六,一日齐颠,呜呼!……视尔居室空余瓦砾,视尔田园蔓草荆棘……茫茫大地此恨曷忘。"

据《印度时报》报道 2004 年印度洋大海啸时:"当滔天巨浪袭击时,13 岁女孩拉谢克尔凭借一块门板,在海上漂浮两天,最终获救。"在印度洋海啸灾难中幸存者的情节,与 1732 年南汇顾某幸存过程,竟十分相似。

2) 房屋破坏殆尽

1732 年风暴潮对房屋的破坏,不仅农村,连城镇也大量坍塌,有的"荡然无存"。在宝山川沙沿海一带,宝山的天后宫(建于明嘉靖末年,约 1566 年)和川沙东岳庙(建于明万历年间约 1600 年)等,具有百年以上的寺庙,均遭倾毁。假定认为百年以上的老屋,可能年久失修,易为潮水冲塌;但在老宝山城内(今川沙高桥镇附近)的守备署(建于清康熙三十三年,即 1694 年)距当年暴潮时仅 30 余年,守备署怎么会易于倾倒呢? 可能的解释是,暴潮侵袭的同时,又遭地震的晃动,使牢固的守备署也难以幸免。

3）"巨浪"与"吼声"

1732 年风暴潮还有两个突出点,一是海水陡立猛涨。如《南汇志》叙:"海潮怒涌,浪如山",《宝山志》中"记灾诗":"雨似瓢翻思古语,潮如山立到今知"。又如《钦链筑捍海塘记事诗》:"移山撼岳声震惊,倒峡滔天势奔突。"其次是暴潮的声响破为异常,如《江阴志》记载:"黄云盖天,飓风大作,江潮泛溢,声振山谷。"又如《川沙志》记载:"拔木朴屋,声如万雷。"巨浪与吼声是地震海啸的特征之一,1732 年也呈现"潮如山立""声如万雷"的情景。

4）类似地震动感

1732 年的风暴潮也有类似地震的动感,据松江黄之隽《风潮叹》:"俄闻屋脊轰异响,万瓦羣拉柱齐崩摧,大漏小漏天著孔,梁尘湿坠煤炱堆。又闻厨西倒一壁,压损灶陉破金鬲,又闻堂北摇老墙,脱离天井一尺强,起往视之肆掀簸,壁倒犹可墙则挪。……"诗中反映了地面震荡现象,除梁尘杂物落地外,对"摇墙""倒壁"也有描写(见图 5-7)。

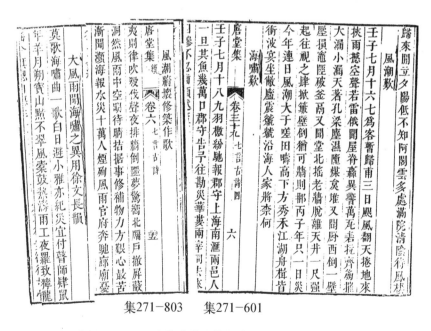

集271-803　　集271-601

图 5-7　1732 年潮灾黄之隽作诗歌四则(见四库全书)

综上所述,1732 年风暴潮的各项记载,由于缺乏地震震源的证据,难以确认为地震海啸。但鉴于海水袭岸的同时,伴有地震(或震感)的记载,则在地震学上可列入可疑地震海啸。

5.3.3 上海地区风暴潮与地震遭遇的可能性

据上海及邻近地区的地震调查资料,通过历史地震海啸的检查,风暴潮与地震相应的时空分布,着重对 1732 年风暴潮与地震遭遇条件等分析。

1) 地震与台风的时空分布

据上海及邻近地区地震资料,选取 1839 年至 1997 年间,达 4.75 级以上地震共 57 次,平均约 3 年发生一次;其中陆域地震为 13 次,海域地震 44 次,以海域地震影响较大,如 1846 年 8 月 4 日在南黄海(N33.5°,E122°)发生 7 级地震。但在时间分布上,其中汛期 6—9 月发生 15 次(在陆域 5 次,海域 10 次),占全年总数的 27%,平均为 10 年发生 1 次,地震在汛期为非频发期(见图 5-8)。

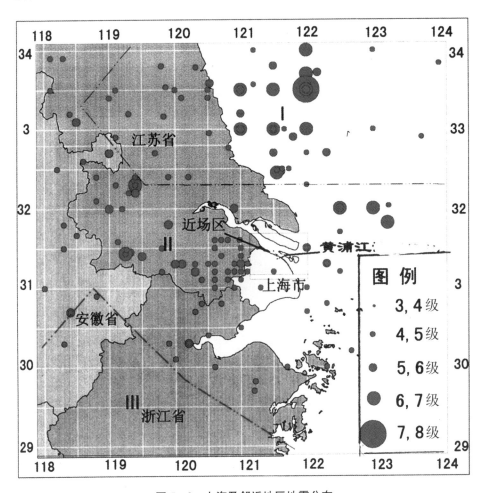

图 5-8 上海及邻近地区地震分布

影响上海的台风资料,自 1884 年至 2000 年间,发生 251 次,其中 6—9 月为 237 次,占 94%,平均每年发生 2.2 次,台风在汛期为频发期。因此风暴潮与地震遭遇,基本上取决于地震发生的时间。

2) 地震与风暴潮的时间差

据上海地区地震与风暴潮的历史记载,在汛期 6—9 月两者发生的相隔天数统计(见表 5-6),其时间差为 ±(14—29)天。考虑两者均为独立事件,当风暴潮提前(一)或滞后(+)的关系,则包含着相互接近的可能性。

表 5-6　上海地区地震与风暴潮相隔天数摘要

年份	地　　震			风　　暴　　潮		相隔天数
	月 日	地点	震级	月 日	暴潮简况	
1654	8 月 16 日	上海	3	8 月 4 日	宝山大风雨海溢水深丈余,溺死无算	-13
1670	8 月 19 日	昆山	—	7 月 17 日	南汇大风雨海溢拔木	-33
1771	8 月 13 日	靖江	—	8 月 13 日	宝山飓风海溢二尺	±0
1831	9 月 28 日	上海	—	8 月 24 日	崇明飓风暴雨海溢,民死 9 500 人	-35
1847	7 月 24 日	长江口	4.75	8 月 9 日	川沙飓风潮溢	+15
1905	9 月 29 日	南黄海	5.5	9 月 1—2 日	上海大风潮,仅掩埋死者 3 450 余具	-28
1927	6 月 8 日	南黄海	5.2	6 月 22 日	黄浦江大风暴雨	+14
1942	7 月 27 日	南黄海	5.0	8 月 26 日	川沙高潮冲毁海塘	+29
1997	7 月 28 日	南黄海	5.1	8 月 18—19 日	上海风暴潮居百年实测潮位之首	+20

表 5-6 中,1771 年(清乾隆三十六年)8 月 13 日(农历七月初四)为地震与台风暴潮遭遇的典型事件,但其地震震级与风暴潮均为轻度,故未引起人们注意。

据有关报道:1969 年 7 月 26 日广东省东阳江发生 6.4 级地震,震后第 3 天,即 7 月 28 日第 3 号台风在广东汕头登陆,随后通过震区进入广西境内。这个实况提示我们:假若地震发生时间稍稍拖后,台风侵袭稍稍提前,两者势必遭遇,则造成该地灾害将不堪设想。

3) 地震的持续性

上海及邻近地区的地震,多数为中级或轻度,但往往会持续出现多年,具有明显的持续性特点,如表 5-7 所示。

表 5-7　上海地震持续性实例

序　号	日　　期	相隔月数	震中地点	震　级
（一）	1654 年 8 月 16 日	7	上海	3
	1655 年 3 月 12 日		松江西	4
	1656 年 10 月 27 日	7	上海	3
（二）	1731 年 1 月 6 日	10	上海西南	(3)
	1731 年 11 月日		昆山西	5
	1732 年 9 月	?	—	—
（三）	1845 年 7 月 5 日	13	青浦附近	4
	1846 年 8 月 17 日		南黄海	6
	1847 年 7 月 24 日	11	长江口	4.75
（四）	1853 年 4 月 14 日	14	南黄海	6.75
	1854 年 8 月		上海西南	3.75
	1855 年 3 月 17 日	7	长江口	4.75
	1855 年 11 月 20 日	8	长江口	5

从表 5-7 知,在(一)、(二)、(三)等时段连续发生地震的相隔时间,具有相距七八个或十个月数的特点。在(二)时段中,1732 年风暴潮前期曾发生两次次持续性地震,相隔十个月,故推断 1732 年 9 月将发生地震,恰与严重风暴潮同步发生,提供两者遭遇的合理依据,即遭遇 4—5 级地震的可能性。

5.3.4　上海黄浦江防洪（潮）风险问题

关于上海市区远景防洪标准研究,曾引入风险分析概念,考虑了多种不确定因素,例如包括海平面上升对河口影响,河道演变对潮位影响,地面沉降变化趋势,以及风浪遭遇等附加值。因此,提出地震遭遇作为一种不确定因素,列为风险分析的内容之一,是十分必要的。

据《水闸灾害及抗震动力分析》记载,从我国邢台、唐山地震资料,对该地水闸震害的调查情况在 7 度地区,严重损害的占 25.7%,轻度占 24.3%,这是水闸及地基仅受地震影响的后果。但若在风暴潮与地震遭遇的可能性,则对水闸及地基设计,须要考虑水体与地震两者的动力的耦合作用。

据上海地区地震危险性分析,重要建筑物地震设防标准基本烈度为 7 度,其概率水平应低于 50 年超越概率 10%（基岩峰值加速度为 0.95 米/秒²），则 $P(B) \leqslant 1/50$。仍与 1732 年风暴潮位遭遇，$P(A) = 1/200$ 计。因此，当 200 年一遇风暴潮位与 7 度地震的遭遇组合，其 $P(AB) = 0.01\%$，（超过市区现行设计标准 $P = 0.1\%$），建议作为重要防潮工程的校核标准。

迄今在国内外文献中，尚未见到风暴潮与地震遭遇的范例。但是从日本防洪标准考察，对沿海城市堤防的设计标准为 200 年一遇，而超高值要求为 3 米，比世界各国都偏高，例如我国 1、2 级堤防的超高值不少于 2 米（见《堤防工程设计规范》GB50206 - 98），两者相差 1 米。日本列岛属于太平洋地震多发地带，也是台风暴频繁侵袭的地区，势必考虑风暴潮与地震遭遇的风险问题，采取加大超高值的措施是明显的对策。因此对于我国地震频发（例如台湾）和地震潜在威胁的沿海城市，在制定重要工程的设计潮位时，亦应考虑地震遭遇的风险分析。

5.3.5　小结

上海 1732 年（清雍正十年）历史风暴的灾害，经调查考证，可能不完全是风暴潮所具有的破坏能力，发现它有与地震遭遇的可能性，将成为我国沿海地区一种潜在的威胁，特别对沿海河口重要的城市防御建设，应采取加大超高的措施以策安全。

5.4　上海历史风暴潮调查成果的思考

1) 历史"死亡人数"的可信度

据 1696 年特大风暴潮的死亡人数为"十万余人"，其中嘉定（当年含宝山境）记载淹死 17 000 人；崇明随潮而没数万人，按该县历史最多被溺 12 000 人计；上海（当年含川沙、南汇境）被溺达数万人，若按该县历史被溺最多 20 000 人计；综合以上各县至少在 50 000 人以上。

其次若按《三冈识略》叙，漂没灶户一万八千户，灶户每家以 4 人计，估计该次潮灾死亡约 70 000 人。

因此，1696 年记载死亡"十万余人"是有一定水分，可能为 5—7 万人，存在夸大（或缩小）的因素，需要多方面的核对，复查，才能取得可信的依据。

2) 历史潮灾发生在"朔望"的规律性

根据 1628—1899 年历史期和 1900—2000 年实测期等严重风暴潮发生在"朔望"的统计，如表 5 - 8 所示。

表5-8　严重风暴潮发生在"朔望"对照

分期	项目	六月		七月		八月		九月	其他
		朔	望	朔	望	朔	望	朔	
历史	次　数	1	2	3	6	4	2	1	12
	典型年	1696	1781	1853	1732	1680	1647	1878	1896
实测	次　数	—	—	5	3	5	—	—	1
	典型年			1962	1997	1905			1956
合计	次　数	1	2	8	8	9	2	1	13
	典型年	1696	1781	1853	1732	1905	1647	1878	1956

注：闰六月归入七月，闰七月归入八月。

从表5-8知，历史上最严重的风暴潮灾害从农历六月朔日至九月朔日长达90余天，发生在农历六月初一朔日，但实测期尚未出现；而八月十八到九月朔日，实测期也未发生，应引起注意。因此，历史文献资料严重灾害的发生时间，反映了一定的规律性。

上海地区历史风暴潮的调查，经过精心考证，去伪存真，获得1696年和1732年2次特大风暴潮的调查成果。但是上海地区地方志众多，涉及历史笔记以及诗歌等多个领域，汇集许多重大灾害的信息来源，尚待进一步挖掘研究，从而发挥历史灾害信息的应用价值。

3) 防御洪潮灾害的历史经验

上海地区历史上曾经多次遭受洪潮灾害，每次灾后，人们恢复生产、重建家园，修筑防御工程等，"大灾促治"是人民群众发出的呼声。

例如1472年（明成化八年七月十七日）的风暴潮，据李东阳《风雨叹》："壬辰七月壬子日，大风东来吹海溢；峥嵘巨浪高比海，海底长鲸作人立。……山隫谷汹豹虎嗥，万木尽拔乘波涛；洲沉岛灭无所逃，顷刻性命轻鸿毛。……"此系李东阳在吴江舟中所作。经查得明《宪宗实录》（集106），"扬州、苏州、松江、杭州……（计8府县）溺死28 470余人"，造成长江三角洲全域遭受特大风暴潮灾害。

于是，1472年秋，开始了一次大规模的筑塘工程，修筑西起浏河口，东至宝山旧城，建土塘76余里。一路由松江府负责，北起宝山旧城，南抵浙江海盐，新筑海塘292余里；两路合计达368里。迨后70年，1543年太仓州筑塘，自浏河口北至常熟县界，计52里。从此建成北起江苏常熟界、沿长江口南岸，含上海县全境,接杭州湾北岸,直至浙江平湖县界,海塘连成一线,总长 420 余里的江海捍潮塘岸,史称"江南海塘"。

从实地观察,这是风暴潮的异常变化与人为活动的对策较量,具有示范意义。正如恩格斯所说:"没有哪一种历史灾难,不是以历史的进步补偿的。"因此,"大灾促治"的历史经验,它总结了人们对自然灾害的认识与实际活动。

备注:黄浦江历史高潮位的调查:第一次在 1983 年,由华东勘测设计院上海分院承担,参加者姚太球、王兴、徐根荣、倪洪球等,提出《黄浦江历史高潮位调查报告》;第二次在 1999 年由上海市水利局科教处承担,参加者胡昌新、黄润德、徐小林、潘葆明等,提出《从 500 年史料对黄浦江设计潮位的商榷》咨询调查报告。

第6章 太湖历史洪水调查

太湖流域是长江下游地区开发最早的地区之一,土地肥沃,物产丰富,水网密布,交通便捷,素有"上有天堂,下有苏杭"之称。但在历史上的水旱灾害并不少见,尤其以暴雨洪涝为害更甚,为此,将暴雨和洪水作为专题调查考证。

太湖流域的治水专著和地方志颇多,还有不少历史笔记,例如沈啓的《吴江水考》,对吴江县"水则碑"作详细的介绍。因此,对"水则碑"进行调查、测量,拍摄照片等,然后研究推算太湖历史洪水。

新中国成立以来,浙江、江苏、上海等地都曾发生短历时特大暴雨,超过当地多年平均日暴雨量的4—5倍,经史料筛选,对1696年8月暴雨进行考证,提出了可能是太湖历史上最大的暴雨。

通过太湖历史暴雨、洪水的调查考证,进一步了解历史洪水灾害情况,以供规划设计和防汛研究参考。

6.1 洪水史料与水情简况

太湖流域历史水利文献资料丰富,经搜集与调查,大致可分为三类:

(1) 史书和史集。正史主要为《宋史》《元史》《明史》和《清史稿》等,以及《文献通考》中关于太湖水利论述。

(2) 地方志。参阅太湖流域与相邻地区的40余县府,其中以吴江县志为主,如莫旦(1488年)、沈啓(1561年)、叶燮(1684年)、屈运隆(1685年)、沈彤(1746年)、金福曾(1879年)等人,均编辑过各个历史时期的吴江志。因鉴于各志记载,详略不一,彼此出入,还有抄错、疏漏等,尽可能参照接近记载年代的加以核对取用。

(3) 专著与笔记等。专著与笔记为民间的史料,对洪涝灾害的记录远较地方志详尽,可补充方志的不足。我们对其作了重点搜集,主要有明沈㡩《吴江水考》,清黄象曦《吴江水考增辑》和王之佐的《水灾纪事》《癸未大水行》(即 1823 年水灾)等。

据郑肇经等《太湖流域历代水旱灾害研究》:从公元 4 世纪到 19 世纪末的 1600 年间,太湖流域共发生水灾 245 次,其中"大水"79 次,大水平均 20.2 年一次。史称"水患为东南之大害",可知水灾是太湖流域的主要灾害。

历史文献对太湖水灾的描述有:"街市乘船""灶沉蛙产""水浮于岸"以及"千里一白",等等;但缺乏因灾死亡人数,因此在判别特大水灾时,主要考虑水位的相对高度如"桥之不没者尺余""浸及惠山之麓"等较有显著地点的比较。

从太湖流域的致洪暴雨看,在历史记载中,基本上可分两类,一类是台风暴雨,"暴雨如注""水骤盈丈"均有确切日期记录。一类是梅雨期暴雨洪水,"水浮于岸""民庐漂溺",起讫日期往往达一个月以上或数十日之久。

吴江县位于太湖湖区的主要出水口之一,因此其雨情水情均能反映太湖流域的大水灾情。据《华东地区近五百年气候历史资料》对吴江县的水灾记载,按台风暴雨大水和梅雨期大水摘录如表 6-1、表 6-2 所示。

表 6-1　太湖流域吴江县历史水情摘要(短历时)

年份	大风、暴雨发生时间**	水 情 摘 要
1494	七月己丑大风雨	大水冒城郭,行舟入市
1522	七月二十五大风竟日	滨湖三十里内,人畜漂溺无算
1582	七月五日大风雨	民居漂荡十居二三
1627	十月六日异风大作	滨湖民多溺死
1633	六月二十五烈风怪雨	水骤盈丈,坏庐舍
1696	七月二十三狂风骤雨	雨如悬瀑,平地涌水数尺
1732	七月十六大风潮	复舟摧屋
1781	六月十八飓风大作	境内水骤涨四五尺,而淀湖水至见底(昆山)*
1794	七月六日大风	大风拔木,寒甚
1875	七月三十大风	暴雨如注,禾棉歉收(太仓)*
1901	六月十九至二十一大雨	拔树,塌屋无数(吴县)*

注:① ＊系吴江县缺,借用邻县记载。
　　② ＊＊发生时间为农历。

表 6－2 太湖流域吴江县历史水情摘要（长历时）

年份	风雨起讫时间*	水 情 摘 要
1481	七月雨有飓风,八九月连大雨	禾稼仅存者悉漂没,明年大饥,人相食
1510	春雨连注至夏	官塘市路弥漫不辨,浮尸蔽川
1561	白春徂夏淫雨不止	城崩者半,民庐漂溺,仆毙甚多
1587	夏淫雨,七月二十一日大雨	水溢丈余,禾苗漂没
1608	三月至五月淫雨	水浮岸丈许,城中居民驾阁以处
1624	三月五月连雨	田与河无辨
1670	五月连雨六月十二大风	城中水深三四尺,行船自旱城门入
1680	七月连雨数十日	邑田全淹
1708	五月大雨十六日	水浮于岸
1823	三月至五月淫雨	五月水陡涨三四尺,七月复涨二尺余
1849	夏五月大雨倾注	视道光三年(1823年)有加
1889	八月二十四至十月初四雨	田尽淹,禾稻霉烂(《吴江水考》)
1931	七月上、下旬连雨	房屋桥梁倾圮亦多,重灾十万亩

注：＊起讫时间为农历。

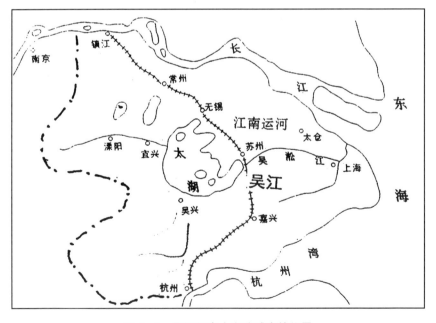

图 6－1 吴江县在太湖流域中的位置

　　从表 6-1、表 6-2 知,吴江县的历史文献基本上反映太湖流域两类大水情况。例如:1696 年七月吴江"雨如悬瀑"是台风雨典型年(见表 6-1);1608 年三月到五月淫雨,吴江"城中居民驾阁以处",是长历时雨洪典型年(见表 6-2)。因此,太湖历史洪水以吴江为目标进行调查研究如后。吴江县在太湖流域中的位置如图 6-1 所示。

6.2　从一则史料考证太湖历史暴雨

　　从太湖流域及上海地区的历史洪潮调查资料分析发现,在清康熙三十五年七月(1696 年 8 月)曾有一次非常暴雨洪水,可供研究参考(注:1696 年发生两次强台风影响,第一次为六月朔的台风风暴潮,见第 5 章;第二次在七月下旬的台风暴雨,两者相隔 53 天)。

6.2.1　从一则引人注意的史料谈起

　　太湖流域历史上的气候灾害频发,干旱、暴雨、洪水、风暴潮不断,还有其他异常情况并发,如表 6-3 所示。

表 6-3　太湖流域异常气候摘要

年　份	摘　　　要
1670	江阴:五月连雨不绝,六月大雨积旬,平地水高数尺
	吴江:六月初三微雪
	松江:六月十一日骤雨烈风拔木倒屋,三昼夜乃止
1696	松江:五月亢旱,七月二十三日大风忽发,暴雨倾注
	江阴:六月飓风海啸
	吴江:七月二十三日狂风骤发,雨如悬瀑
1823	昆山:五月望后大雨浃旬
	湖州:六月初七大雨雹,七月初二大风骤雨
	嘉定:夏大雨,自四月至五月,六月二十七日大风,七月七日大雨,八月、九月大风滛雨浃旬

　　由表 6-3 知,在五至七月暴雨发生时,伴有大风、微雪、雨雹等异常情况,其中最引人注意的一条是 1696 年吴江"雨如悬瀑"。

分辨雨的大小,一般用眼睛观察,如雨落如线、雨如倾盆、雨落模糊一片、雨响听不到讲话声等,但由于人的感觉不一致,判断的差别很大。历史文献记载所描述的雨情,"雨如悬瀑",究竟暴雨达到多少,如何判断估算,值得进行调查考证。

6.2.2　1696 年 8 月暴雨历史信息汇集

为全面了解 1696 年 8 月(清康熙三十五年七月)暴雨灾情,除依据有关地方志史料外,还搜集历史笔记等汇集如后。

(1) 七月二十一日(8 月 18 日)记载。

①《句容县志》:"蛟水骤发丈余,淹没民居,人巢树梢,死者无算,南门外关帝庙冲倒,大钟浮出庙外。"②《三冈识略·句容水发》:"暴雨不止,山水忽发,平地水深四尺,郭外势更汹涌,城堞不没者仅存三板。变起仓猝,漂没者千余人。时督学张公方试士,诸生苦僦居价昂,寓城外者,淹死亦数十余人。"

(2) 七月二十三日(8 月 20 日)记载。

①《三冈识略·风变》:"天未明,大风忽发,暴雨倾注。过午势愈甚,半空中赤光灼烁,声若霹雳,砰锽簸荡,排墙倒屋,大木皆连根拔出,檐瓦飞空,状类鸟雀,居民走避无所。抵暮水没过膝,天气昏黑,势如混沌,少长群聚大哭,皆自分必死矣。至半夜,势稍缓,官署民房,雕楼杰阁,半被摧折,四乡民压死者,比比而是……时东北风急,蔽庐数椽适当其冲,倒塌尤甚,耳中但闻崩裂之声,竟夕不卧,东方渐明见四壁俱无,举家傍徨无措,真异变也。"并作诗一首,节录如下:"骤雨千江决,狂飙万马奔。妻孥莫擎涕,头在手还扪。千里同灾难,惊传压死多。仓皇堕隔径,翁仲卧前坡。混沌疑初凿,怀襄恐未过。残骸何处避,拼共葬江波。"②《历年记》反映上海灾情:"又大风,水涨如上年(应为 1693 年)九月十二日,平地水深三尺,花豆俱坏,稻减分数,秀者皆揿倒,房屋塌者甚多。同泾上之大树,数百年物矣,五人合抱之身,亩许盘结之根,一旦拔起,则二十年内未尝见者也。"③《吴江志》:"七月二十三日狂风骤发,雨如悬瀑,平地水涌数尺。夜半反风而南,势益猛,籍灯密室无不尽没,屋瓦交飞,颓垣覆屋者十家而九,所至乔木倒折。城隍庙左榆四人皆合抱,连根尽拔。"④《武进志》:"秋(七)月大风,禾尽偃,林鸟死者无算。"⑤《吴兴志》:"乌程大雨,傍午飓风大作,入夜愈猛,飞瓦拔树,居民倾覆,压死甚多,次日水涨三尺余。还有嘉兴、桐乡、德清等飓风大作,坏民居,压伤甚多。"⑥《吴县志》:"猛雨倾盆,横山出蛟。"还有江阴、无锡等大风雨。

(3) 七月二十五六日(8 月 22、23 日)记载。

《历年记》：二十五日有被灾饥民万人，挤拥县堂(上海县)，要求赈济，喧噪竟日，二十六日更甚，只得在城隍庙每人发米一升。

此外太湖流域以外的有关记载有：①《上元江宁县志》(今南京地区)：七月二十一日，蛟水骤发丈余，漂没民居，人巢树梢，死者无算。②《高邮志》：七月二十四日，飓风淫雨，水暴至，三日长二丈余，南水关决。③《盱眙志》：六月雨至秋七月，凡五十余日，大风民居摧倒，大水沈泗洲，城垣荡尽，漂没死者无数，大饥。

综上记载，1696 年 8 月 18—22 日曾有两次大暴雨，一在太湖上游与相邻秦淮河的句容(从略)，一在太湖中游吴江一带，为本书的专题调查考证。

6.2.3　太湖流域可能最大历史暴雨考证

吴江县距上海市区仅 70 余千米，上海形成台风风力 12 级以上的强烈耦合区时，则太湖流域产生特大暴雨量级，为与其他天气遭遇作用所致。

该次台风风力极强，上海有多处大树被毁：①"东关外有大树……大数十围……至是被吹折。"②"庭前孤松，树龄六十余年，从空拔出。"③"先少宰公墓上翁仲(石像)，倒卧数十步外。"(以上见《三冈识略》)④"闸港有跃龙禅院，东边之银杏一株，亦数百年之物，其大约四五人合抱，根盘正殿之下，一旦被拔起。"(见《历年记》)。以上多起大树拔起，实为罕见，对照上海地区近百年的大风灾害记载，估计历史上大风力达 12 级以上(见表 6-4)。

表 6-4　上海市区台风损树摘要

年 月 日	极大风力/级	损 毁 树 木 情 况
1915 年 7 月 28 日	12	全市折毁树木 6 238 株，徐家汇教堂塔尖重达 400 千克铁十字架倾斜
1956 年 8 月 1—3 日	12	全市倒伏、倾斜行道树一万多棵，徐家汇教堂十字架又被吹折
1978 年 9 月 9—11 日	11	园林系统被刮倒行道树四五千棵
1990 年 8 月 30 日	11	园林系统被刮倒行道树共 1 731 棵

据淮河流域上游地区 1975 年 8 月 7 日的特大暴雨资料，列表与太湖地区1696 年 8 月 20 日(即农历七月二十三日)的风、雨、水情描述比较，暴雨猛烈程

度颇为类似,估计该年 8 月吴江为暴雨中心(见表 6-5)。

表 6-5 1696 年 8 月与 1975 年 8 月特大暴雨雨情对比

太湖流域 1696 年 8 月 20 日		淮河上游地区 1975 年 8 月 7 日	
暴雨中心	吴江(江苏)	暴雨中心	林庄(河南)
24 小时雨量	? 毫米(待估算)	24 小时雨量	1 060 毫米
县志记载	吴江:雨如悬瀑,平地水涌数尺 吴县:猛雨倾盆,横山出蛟 (武进:林鸟死者无算) 吴江:狂风骤发,夜半势益猛,复屋者十 家而九 句容:蛟水骤发丈余,人巢树梢	现场调查记载	林庄:房顶水淹不及,有四指深 林庄:田地里捡到麻雀两箩筐 遂平:龙卷风不少屋顶被刮走 遂平:公路树梢挂有水草
本流域实测 24 小时最大雨量(毫米)	山区:682(浙江市岭) 平原:581(上海塘桥)	本流域实测 24 小时最大雨量(毫米)	山区:586(桃花店) 平原:471(界首)

淮河流域上游地区的 1975 年特大暴雨洪水资料,列表对照(见表 6-5)。从两者的风、雨、水情描述比较,吴江历史暴雨估计不仅超过本流域实测 24 小时最大雨量记录,而且存在着发生类似淮河上游"75.8"暴雨的可能性。因此太湖流域 1696 年历史洪水,估计为罕见的短历时特大台风暴雨所造成,通过露点、水汽上升速度等计算可能最大暴雨方法(计算从略)估算近 800 毫米,对局部地区造成极为严重灾害。

由图 6-2 知,暴雨分布以吴江为特大暴雨中心,其次武进与松江亦为大暴雨范围,而杭嘉湖地区则降为大雨至暴雨区域。因此,据面雨量估算,参照实测记录的时面深关系,对短历时(1 日)面雨量,则随着降雨面积增加而面雨量大为减少。

1696 年 8 月 20 日吴江暴雨属非常量级估算可能为 800 毫米,而面雨量较小,同时,太湖起始水位较低,湖容较大,故该次暴雨的水情没有发生吴江水位的"五则"标准(关于水则标高见下节)。若在台风暴雨前夕的太湖起始水位较高,也能发生"一夕变汪洋"的太湖湖区高水位。

进行历史暴雨洪水的调查与考证,提供历史雨洪资料,不仅在数理统计法推算设计暴雨中,是必不可少的依据,而且在水文气象方法估算可能最大暴雨中,也逐步引起人们重视。

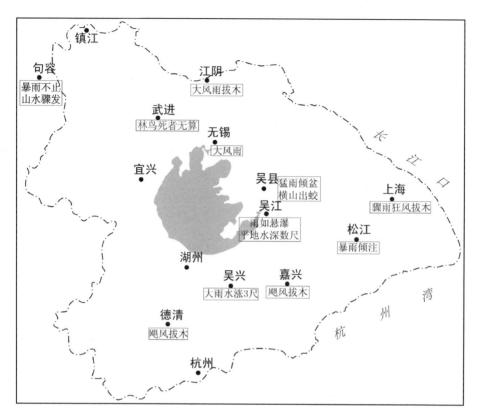

图 6-2　太湖流域历史特大暴雨记载示意

[据清康熙三十五年七月二十三日(1696 年 8 月 20 日)各地记载]

6.3　从吴江县水则碑探讨太湖历史洪水

为研究太湖流域水利规划,1964 年夏原水电部上海勘测设计院组织人员,进行环湖水文调查。在调查中发现吴江县有"水则碑",经过深入调查,获得了太湖流域在近 800 年间几次重要的历史洪水资料,从而为太湖流域规划治理和防汛预报等提供了重要的参考依据。

6.3.1　水则碑的调查概况

吴江水则碑位于太湖下游吴江县东门外长桥上。长桥在历史上横跨吴淞江,是古代重要桥梁之一,与苏州宝带桥齐名。吴淞江曾是太湖三条主要泄水口之一,由于历代河道水系变迁,目前仅为一般通航河道(见图 6-3)。

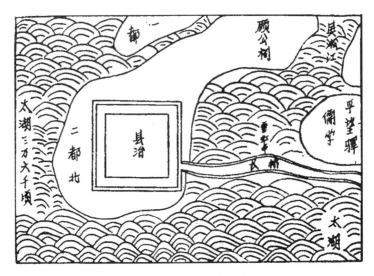

图 6-3　长 桥 位 置

据历史文献记载,吴江水则碑与吴江长桥的建设关系密切。长桥于 1048 年(宋庆历八年)始建木拱桥。据钱公辅《利往桥记》(即长桥):"横亭其上,登以四望,万景在目,曰垂虹亭。"该亭建立后,迨 1120 年(宋宣和二年)设置水则碑,遂与垂虹亭北侧岸头结合在一起。在 1275 年(宋末元初)长桥毁于兵火,到 1325 年(元泰定二年)改建为石拱桥,吴江水则碑才得以长期保存下来。

在 1964 年调查时,右水则碑仍位于长桥垂虹亭旧址北侧岸头踏步右端(见图 6-4),直立紧贴于桥墩内(简称"右碑",下同)。该碑顶部尚较平整,碑面已呈破碎,有裂缝数处,碑脚底部为水痕严重侵蚀。在碑面刻有"七至十二月"的六个月份,每月又分三旬的细线,刻有十八直线,还有"正德五年水至此""万历三十六年五月水至此"等题刻字迹四处。测得碑高 1.86 米(基础部分未挖掘),阔 0.7 米,厚 0.5 米,估计碑重 1.8 吨(见照片 1)。

但左水则碑早于明清之际损毁,乃于 1747 年(清乾隆十二年)仿照原碑重建,改名为横道水则碑。

在 1964 年调查时,重建的横道水则碑已坠沉河底,从河中捞起,复立于垂虹亭北侧左端(简称横道碑,以区别于原左水则碑,下同)。该碑字迹清晰,碑脚毁损一角,由于已离原位,未能测得高程。碑面刻划为七则,量得每则高度为 0.25 米,各则刻有"水在此 ××田淹"等字迹。测得碑高 1.87 米,阔 0.58 米,厚 0.18 米,估计碑重 0.6 吨(见照片 2)。

照片 1　右碑拓片　　　　　　　　照片 2　横道碑拓片

　　1967 年 5 月 2 日,长桥垂虹亭西端有数孔拱桥,发生连锁倒塌事故,水上交通阻塞,当地为清理航道,将尚存的倒塌长桥全部拆除,使历时八百年的水则碑等遗迹,均遭损毁(见照片 3)。

照片 3　吴江长桥全景

　　吴江垂虹桥又名利往桥,俗称长桥,位于江苏省吴江县东门外,横跨太湖泄水通道的吴淞江源头。该桥始建于北宋庆历八年(1048 年),据钱公辅《利往桥记》,初为石墩木桥,长东西千余尺。后为兵火所毁,据袁桷《吴江州重建长桥记》,元泰定二年(1325 年)将木桥改为联拱石桥,有孔七十二,长一千三百尺有余。明沈啟啟著《吴江水考》(1564 年)记载,长一百零四丈。1964 年调查时,测得全长为 316 米(未包括被堵塞 16 孔),其通水孔仅 46 孔。可见,吴江县水则碑能长期地保存下来,与吴江长桥有密切关系(见图 6-4)。据罗哲文编《中国名桥》,明代著名画家沈周创作的《垂虹暮色图》,至今还保存在北京故宫博物院。

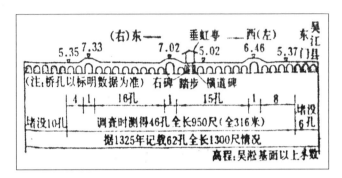

图 6-4　吴江长桥建筑示意

6.3.2　水则碑的历史沿革

据《吴中水利全书》记载:"宋宣和二年(1120 年)立浙西诸水则碑,凡各陂湖泾滨河渠自来蓄水灌田通舟并镵之石,云云。"(浙西指今太湖流域及其以南一部分)。经查《绍兴府志》《句容县志》均有于宋代设立水则碑的记载。

我国古代观测水位的水尺,传说源于大禹治水,战国时期《禹贡》记载:"禹敷土,随山刊木,奠高山大川。"唐朝司马贞《索隐》为《史记》注释:"谓敷木立为表记。"宋代始有刻度标志的水尺,据《宋史·河渠志》,景祐二年(1035 年)在河北雄洲唐泝边缘诸水(今白洋淀附迈)"请立木为水则,以示盈缩",又在四川都江堰"离堆之趾,旧镌石为水则,则盈一尺,至十而止,水及六则,流始足用"。据宋陆游(1125—1210 年)在严州府做官时(今浙江省建德县)有诗《秋雨北榭作》:"津吏报增三尺水。"可见宋代设立水则碑,且有专人观测报讯,已有利用水位进行报汛的科学概念。

元代在都江堰设置《蜀堰碑》:"尺之为画,凡十有一,水及其九,民则喜,过则忧。没其则(指超十一则)则困。"太湖吴江长桥于元代泰定二年(1325 年)改建为石桥,水则石碑与桥结合,据《吴江水考》记载,左水则碑,碑面刻有一则至七则,为当地农田淹涝测报所用。

20 世纪 90 年代,在苏州市胥门外发现清代光绪二年七月(1876 年)设立的"胥门水则碑",正面刻有一至五则横道线,背面碑文说明按吴江乾隆年间的水则碑仿制,现藏于苏州市碑刻博物馆,可供佐证。

吴江水则碑是我国宋代所立用以标志水位高低的水尺,它记载水位的方法,较水文调查常见的题刻更为严密,并要求进行年内各月、旬出现水位的记录,基本上符合现代水尺的原理,是我国古代水利科技方面的重要发明之一。

6.3.3　水则碑高程的考证

按现代观测水位的水尺要求,对照吴江水则碑的分则高程、分则标准和观测记录等方面,进行必要的考证。

1) 分则单位

右碑碑面上刻"则例"二字,在"则例"二字以上刻有"正德五年"四字,若以此四字范围为一则,则量得分单位 0.26 米(见图 6-5);同碑又题刻"万历三十六年五月水至此"字样,若全文连贯为一则,量得 0.22 米,从横道碑碑面上,量得分则单位为0.25 米(见图 6-6)。因此分则单位在 0.22—0.26 米之间,其均值近 0.25 米。

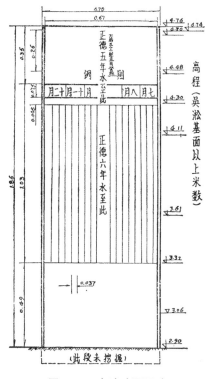

图 6-5　右碑碑面尺寸

图 6-6　横道碑碑面尺寸

2) 右碑的分则高程

右碑的分则高程依据有:① 在右碑题刻"正德五年(1510 年)水至此",测得此字底部为 4.30 米(吴淞基面以上米数,下同)。② 据《水考》称"正德五年大水,其水到六则与宋绍熙同则"故该年为六则洪水。③ 据《吴江志》"长桥不浸者尺余耳",若尺余按 0.5 米计,经测得长桥中部桥面高程为 5.02 米(见图 6-4),故该年洪水位当为 4.52 米。

但按"尺余"属定性描述,则确定 1510 年吴江水位为 4.30 米,相应为六则高程。同时结合 1608 年(万历三十六年)洪水题测得 4.48 米,作为六则的上限,其分则单位以 0.25 米计,推得右碑的分则高程：七则在 4.73—4.48 米,六则在 4.48—4.23 米,余类推。

3) 重建横道碑的分则高程

由于横道碑已离原位,今从 1919 年苏松湖洪水调查报告(见《江苏省水利协会杂志》民国 8 年第 7 期)称"前月(指 7 月)大水时已去七则不远,现时(指 8 月)水位犹在五则以上"等,颇为可疑,查该年苏州站实测水位资料,经换算吴江 7 月最高水位为 3.85 米,8 月份平均水位为 3.55 米,按上述分则高程与实测水位对照如图 6-7 所示。

由图 6-7 可知,重建横道碑的分则高程,对照右碑分则并系应减低二则为准。因此对 1747 年以后记载的水则资料,应区别对待,不能盲目沿用。

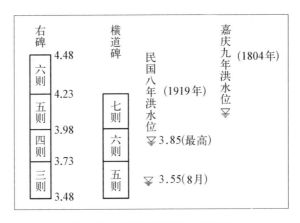

图 6-7　分则高程与洪水位对照

4) 分则标准与吴江农田高程

据《水考》载"增减水则例,水在一则,则高低田俱无恙,过二则极低田淹……过六则稍高田淹,过七则极高田俱淹"等分则规定,清乾隆十二年(1747 年)重建的横道碑,即仿此刻划(见图 6-6)。

经调查搜集吴江全县的农田高程与耕地面积资料,吴江稍高田高程为 3.8 米,加圩提高度约 0.4 米(一般为 0.5 米),则稍高田被淹须 4.2 米以上,相当于

"六则"高程(见表6-6)。

表6-6 吴江田面高程与水则高前系

田面高程/米	耕地面积/万亩	加上圩提后的高程/米	相应水则/则
2.7以下	2.0	3.2以下	一
3.0以下	7.1	3.5以下	二
3.2以下	12.6	3.7以下	三
3.5以下	47.3	4.0以下	四
3.8以下	65.5	4.2以下	五
3.8以上	96.8	4.2以上	六

据有关资料,绘制吴江高程与耕地面积关系图如下(见图6-8)。例如1954年吴江实测最高水位4.38米,查得该年受淹农田约80余万亩,证实该碑分则高程与标准,基本上依当地农田地势情况确定。

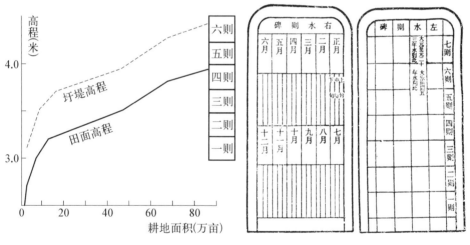

图6-8 吴江县耕地面积与高程关系　　图6-9 《吴江水考》水则碑式样

5) 对水则碑的原状探讨

从《水考》绘制的水则碑式样(见图6-9),与1964年调查时实物对照(见图6-5、图6-6),左碑已改为横道碑,失去原碑图形,右碑上部"减水则例",下部"七月至十二月"题刻,亦难以判断为原碑的组成部分。关于《水考》所绘之原状水则碑,除刻有"宋元"字迹外,全部为空白,显然是留待今后发生大水时,备陆续补充题刻之用。因之,犹如一张历年最高水位的统计表(左碑式样)和一张某年各月、旬水位的记录表(右碑式样)刻于石碑上,这是我国古代传统的保存方法之一。可见原状水则碑不仅是观测水位的标尺,而且规定记录报表的格式,以供"津吏""较水者"等观测人员,进行水情测报之用。

但是,古籍记载的图6-9与调查的图6-5的水则碑,两者题刻为什么完全不同?

据《吴江水考·水则考》,其结语称"今不可见矣"。故沈启在原注中说:"按两碑石刻甚明,正德五年(1510年)犹及见之……今(指1564年所见)石尚在,而宋元字迹与横刻之道,尽凿无存。止有'减水则例'四字,亦非其旧(指1564年所见)。乃于大直刻'正德五年水至此''六年水至此'……失古建置之意,不知伊谁之过也。今石犹树水旁,追忆所见识之,存忘羊云。"

由此可知,在1510年至1564年间,原水则碑面题刻被凿修改:① 沈启指出"减水则例"四字非其旧,说明原碑面目全非。② 若从原碑与调查的右碑对照分析,似乎当年拟将碑面改造成"正月至六月"和"七至十二月"两碑;但"正月至六月"碑未能凿成而被损毁。③ 后来有人只能在"七至十二月"碑面上,加刻"正德五年水至此"(调查高程4.3米,在六则中)和"正德六年水至此"(系3.61米,在三则中),却保留了原碑分则高程。

因此,《吴江水考》说明当年的原碑碑面已"不可见矣"。同时反映"今石尚在",并新刻正德年间两次"水至此",保留了原碑分则高程的原意,图6-5是唯一幸存的遗迹。

6.3.4 历史洪水的估算

现将太湖湖区与吴江调查的几次洪水比较如下(见表6-7)。

表6-7 吴江与太湖湖区水位对照

年份	水位/米		灾情	雨 情	其 他
	吴江	湖区			
1931	4.00	4.4	局部	梅雨后期台风	江淮大水
1949	4.03	—	全域	台风雨3天	大潮
1954	4.38	4.65	局部	梅雨	江淮大水
1957	(3.99)	4.19	全域	静止切变	—
1991	4.31	4.79	全域	梅雨	江淮大水
1999	4.5	4.97	全域	梅雨	长江下游

由表 6-7 可知吴江水位基本上能反映太湖流域水情的变化,但有时出现局部性洪水,不仅要依据水则碑的分则高程,而且要搜集上下游各地水情灾情记载,同时注意长江和相邻流域的水情等影响,才能切实估算历史洪水。

1) 历史灾情估算洪水位

在平原地区遭受洪水灾害,表现在大量农田淹涝程度和房屋漂没倒塌情况。吴江县历代农田情况如下:

元:11 415 顷 45 亩 4 分。

明:洪武初年 11 053 顷 76 亩 8 分。

清:同治年间 6 646 顷 78 亩 4 分(县境调整后),本次调查(1964 年)9 683 顷 97 亩。

对照《元史》:元至元二十三年(1286 年)六月,杭州平江(苏州)二路属县,水坏田一万七千二百顷。吴江县当时农田数量被淹应属大部分,《吴江水考》称"水在此第七道中",与农田灾情相符,属可靠情况。

据《元史》,元至顺元年(1330 年)七月,平江、嘉兴、湖洲、松江三路一府大水,坏民田三万六千六百余顷,被灾者四十五万五千五百余户。又"十月吴江大风,太湖溢,漂民居一千九百七十余家"。比较前述 1286 年被灾农田数量和居民被灾情况,估计属"六则"可作参考。

2) 从农田受淹程度估算洪水位

吴江水则碑的分则高程依据当地农田地势划分(见图 6-6),但历史记载措辞不同,有"高田皆淹没"(1608 年和 1670 年),"禾稼仅存者悉漂没"(1404 年和 1481 年)等许多年份,均可间接估算为"六则"洪水。

例如明万历三十六年(1608 年)大水,据《吴江志》"万二千顷江邑田,化为巨泽波连天",各县志称"四月朔至六月晦,大雨如注,水浮地面""庐室漂荡,圩堤尽溃,居民逃徒"和"千里一白,万井无烟,盖二百年来未有之灾"等灾情描述。据《明实录》"江潮泛滥……水入皇城(指南京)",而《仪征志》"平陆皆淹,相传从古未有"等。可见 1608 年长江与太湖同时遭遇大水,与 1954 年江湖并涨的情势颇为相似,且高于 1954 年吴江水位 0.1 米(查该年题刻为 4.48 米),该年受灾县达 32 个(当时全域 34 个县),降雨历时近 90 天,为太湖地区全流域性的特大洪水之一。

3) 从雨情水情估算洪水量

太湖水位涨落缓慢,降雨历时与洪水过程有相应的滞后关系,以 1931 年、1954 年等实测雨洪过程为典型,对照历史记载有 1561 年、1608 年、1823 年等水情雨情描述过程,可进行洪水量的估算分析。

例如清道光三年(1823 年)洪水,据《吴江志》记载:"四月雨,河水盛涨,五月十八日雨势益盛,低区尽淹,至二十一、二十二日大雨如注,陡涨三四尺,民田圩岸尽塌,六月二十后,水势渐减,七月初风雨大作,水复涨二尺余……积水至五十日之久。"查吴江历年实测 5 月(农历四月)的平均水位为 2.70 米,该年累计涨水高度以五尺计,即 1.6 米,推算最高水位近 4.3 米,为六则洪水,同时估绘该年洪水过程线如图 6‑10 所示,与 1954 年型洪水较为相似,从而可间接估算 1823 年洪水量。

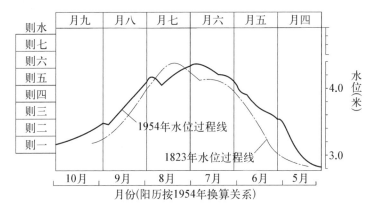

图 6‑10　1823 年与 1954 年水位过程线

4) 关于水则碑未能反映的某些历史洪水

太湖流域的水系,以太湖为中心,分为上源和下委两个系统,以无锡梁溪口至吴江吴淞口为分界线,分界线以西为上源进水区,以东为下委出水区。吴江县水则碑位于吴淞江的源头,出水区的中部,因此,有些洪水未能完全地反映。

一类是太湖东部的上海地区,由台风暴雨或暴潮所造成局部性洪水,例如 1522 年、1696 年、1732 年等水情并未能达到"六则",且历时较短,但对上海地区造成的灾害颇为严重,亦须严加防范。

另一类是太湖南部的杭嘉湖地区,当夏季梅雨早发,五月雨水充沛,入秋七月台风暴雨侵袭,使江湖水势猛增,造成洪水灾害,例如 1587 年、1624 年、1708年等都有类似情况。其中 1587 年台风暴雨,据《吴江志》记载,七月二十一日大风雨昼夜,田围崩裂,水溢丈余,禾苗漂没。"水溢丈余"显然是指当天前期水位上涨"丈余",并非平地水深。同样,据《江阴志》1624 年记载,"七月连雨三昼夜",据《吴江志》1708 年记载,"七月十二日大风潮"等,都是前期多雨,后期七月台风雨,造成水灾。对照 1931 年、1949 年等水情,同样在七月台风雨造成吴江水位在 4.00 米、4.03 米,均在"五则"。因此,类推前述 3 年洪水,按吴江水则可能五则至六则之间,一律按五则计,可供参考。

综合以上各点,吴江水位在 800 余年间,达"六则"以上全域性洪水已发生 17 次(含 1954 年)。近于"五则"的洪水约有 8 次,如表 6-8 所示。

表 6-8　太湖历史洪水(吴江水位)简况

年份	朝　　代	吴　江				调查考证摘要
		七则	六则	五则	水位/米	
1194	宋绍熙五年		√		△	水考:"水在此"刻第六道中
1223	宋嘉定十六年		√			水大溢,圮城郭堤防
1286	元至元二十三年	√			△	水考:"水在此"刻第七道中
1308	元大德十年			√		漂没田庐无算
1330	元至顺元年		√			水考:漂民居 1 970 余家
1404	明永乐二年		√			续志:田禾尽没
1444	明正德九年			√		大风潮,淹田摧屋
1481	明成化十七年		√			太湖溢,平地数尺
1494	明弘治七年		√			水考:田淹几尽
1510	明正德五年		√		4.30	碑面刻有"正德五年水至此"
1522	明嘉靖九年			√		滨湖人畜漂没无算
1561	明嘉靖四十年		√		4.46	水考:较水者谓多于正德五年五寸
1587	明万历十五年			√		水溢丈余,禾苗漂没
1608	明万历三十六年		√		4.48	碑面刻有"万历三十六年五月水至此"
1624	明天启四年			√		田与河无辨
1670	清康熙九年		√			城中水深三四尺,田禾尽没
1680	清康熙十九年		√			田全淹
1708	清康熙四十七年			√		水浮于岸
1769	清乾隆三十四年		√			平地水深数尺,漂没田庐
1804	清嘉庆九年			√		引《周梦台纪实》:今年水七则(经调查实为五则)

(续表)

年份	朝　　代	吴　江				调查考证摘要
		七则	六则	五则	水位/米	
1823	清道光三年		√			五月低区尽淹复涨三四尺,复涌二尺余……
1849	清道光二十九年		√			视三年有加,田尽没
1889	清光绪十五年		√		4.44	水考增辑:田尽淹。当地洪痕调查测量高程
1931	民国 20 年			√	4.00	当年实测
1954	新中国成立后		√		4.48	当年实测

注:① 调查考证摘要,据《吴江志》编撰,不另注明。
② "水考"即《吴江水考》,"续志"即《吴江续志》。
③ 分则标准:七则为 4.73—4.48 米,六则为 4.48—4.23 米,五则为 4.23—3.98 米,以下类推。

6.3.5　太湖历史洪水的成因刍议

从吴江水则碑的调查与推算,太湖历史洪水达"六则"以上有 17 次,现对洪水的成因作初步探讨。

1) 吴江长桥阻塞的严重影响

据《吴江水考》记载:元至元二十三年(1286 年)六月大水,"水在此,刻第七道中",为水则碑上达"七则"洪水的最高值。经查《元史·河渠志》:"河港闭塞不能通航,湖水稍遇大雨(指太湖),便致泛滥,淹没田禾,为害不浅。"反映元初战事未息,长桥筑塞五十余丈,沿塘(吴江塘路)三十六座桥洞也多钉栅或筑坝阻断,水流不畅,河湖淤淀等情况。

由此可知,1286 年洪水由于太湖排洪通道阻塞,水则碑所记录"七则"水位,也含有人为活动的抬升影响。

2) 高淳"五堰"来水的不利因素

在太湖流域以西的青弋、水阳江流域,古代开凿的人工水道,直通太湖,即高淳至溧阳的胥溪运河;唐末五代修筑"五堰"(即五道堰坝),可以节水通航;南宋初筑"东坝",坝身低矮,洪水仍能漫溢进入太湖。据《徐安国记》:"宋绍熙五年(1194 年)秋八月霖潦不止,洪发天目诸山,倏忽水高二丈许……""先旱后涝,东坝决口。"反映胥溪运河大量来水,增加太湖湖区负担。

明正德七年(1512 年)胥溪筑坝加高培厚,严禁决泻太湖;但到明嘉靖四十年(1561 年)和清道光二十九年(1849 年)先后二次东坝决口,曾称"高淳坝决六郡淹",认为是太湖洪水趋高的不利因素之一。

3) 江淮梅雨期暴雨的致洪特性

江淮地区的天气系统主要为切变、低压和静止锋等,在大尺度环流系统的作用下,发生雨区范围广,持续时间长,暴雨次数多等雨情,造成淮河、长江中下游和太湖流域的洪水灾害。例如 1954 年和 1991 年的梅雨期,在淮河和太湖同步发生洪灾,可佐证检验历史水情,如表 6-9 所示。

表 6-9 江淮梅雨期与太湖同步洪灾简况

顺号	洪水年份	太湖雨情(农历)					淮河或长江中下游水情
		四	五	六	七	八	
1	1223		●				江淮并涨,江、浙、淮、荆、蜀郡县水
2	1330		●		△		淮河水涨,淮南被灾
3	1561		●	△			江淮并涨,里运溃决,淮南淮北海潮
4	1608	●	●				淮南大水,江南雨涝成灾,淮北干旱
5	1670		●	●			淮南大水,江南大风雨,湖海泛滥
6	1680		●	●	●	●	淮黄并涨,泗洲城陷没,里运河溃决
7	1769		●	●			长江中游武汉、江陵大水
8	1823	●	●				长江异涨,沿江潮溢大水
9	1849		●	●			黄河决口(水入淮),运堤溃决,洪泽湖最高水值达 15.52 米
10	1889			●	●	●	沿江沿淮地区雨涝大水
11	1954		●	●	●		淮北大堤失守,农田受灾达 408 万 hm²(6 123 万亩)

注:"△"为大雨发生在闰月,"●"为大雨或连两月份。洪水年份均为太湖六则水位。

由表 6-9 知,太湖历史洪水(六则),以农历五六月份为主计 11 次,与江淮梅雨期暴雨洪水同步。

4) 台风暴雨的致洪特性

当台风登陆深入,若与其他天气系统作用下,发生特大暴雨,亦能导致太湖流域大水(见表 6-10)。

从表 6-10 知,台风均发生在农历七月(8 月),若与其他天气系统遭遇,造成大暴雨,而前、后期(六月或八九月)又有雨水,亦能造成太湖历史洪水。以台风暴雨成因 5 次占 30%。其中 1510 年的前期四月至五月(5—6 月)为梅雨期暴

表 6 - 10   太湖流域台风暴雨情况

顺号	洪水年份	台 风 暴 雨 发 生 时 间
1	1194	七月大风驾潮(松江),八月大雨(吴江)
2	1404	六月大水,七月初二风雨大作(松江),漂没千余家
3	1481	七月飓风大雨,八月风雨大作(无锡),九月朔大风雨昼夜如注(长兴),人多溺死
4	1494	七月大风雨,民多溺死(金山),九月大风,屋瓦俱落(溧水),海溢(浙江绍兴、余姚)
5	1510	四月水,水涨滔天(吴江、嘉兴),五月狂风淫雨,经月不止(丹阳、华亭);七月大水,六日至十一日不止(无锡、娄县)

注:太湖洪水年均为"六则"水位。

雨,后期七月上旬(8 月初)为台风暴雨,颇为异常。

综上所述,太湖历史洪水(六则以上)成因,为自然气候因素造成,亦有人为活动的影响。自然气候因素以江淮梅雨期同步暴雨居多占 65%,台风暴雨较少占 30%。此外,元至元二十三年(1286 年)的最高水位七则存在人为阻塞影响,但气候成因缺乏旁证资料,留待今后探索。

6.3.6 太湖历史洪水的综合评价

通过以上对水则碑的考证和查阅太湖各县志记载等的分析,可以得知,从 1120 年起,若不分降雨历时长短,和受灾范围大小,仅以吴江水位达六则高程为准,则在 800 年间,至少发生 17 次,平均约 50 年发生一次。

从 1480 年以来,为明清两代具有较多记载的时期,选取降雨历时在 90 天以上,受灾范围达三分之二以上的县数,吴江水位为六则的全流域性洪水,在 550 年间,有 1481 年、1561 年、1608 年、1823 年、1889 年和 1954 年等 7 次,因此 1954 年型洪水平均约 80 年一遇。

关于太湖的历史最高水位,在 800 年间,不超过吴江的"七则"上限高度,约 4.73 米,即高于 1954 年洪水位约 0.35 米。但是,由于河道的变迁与淤积;石碑发生某种程度的沉陷;并且新中国成立以来,沿江筑闸修堤,山区兴建水库,平原疏浚河道,圩区发展机电排灌等水利建设的影响。因此,在研究、引用太湖历史洪水时,应注意现状与历史的不同条件及自然的变化与人类活动影响,供参考应用。

6.4 太湖历史洪水调查资料的贡献

1) 历史洪水调查成果的现实意义

太湖流域在 1954 年大洪水后,1991 年与 1999 年相继发生大洪水,即在 50 年内相继发生 3 次大洪水是否异常?

据调查资料,太湖吴江水则达到"六则"洪水(相当于 1954 年洪水,吴江水位在 4.23—4.48 米)计 17 次,在 800 年间发生六则洪水近 50 年一遇,现按时间序列将"六则"洪水等点绘于图(见图 6-11)。

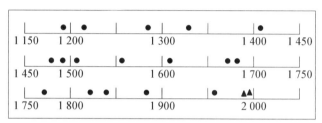

图 6-11 太湖洪水历年分布

从图 6-11 知,太湖六则洪水的时间分布,并不是均匀的,在 800 年间 (1150—1950 年)按 50 年为一段划分,共 16 段。经统计在 50 年发生 3 次,仅 1 段占 6%(为 1481—1530 年);在 50 年内发生 2 次的为 2 段占 12%;在 50 年内恰好发生 1 次的计 10 段占 63%;50 年内不发生六则洪水,亦有 3 段,占 18%(但其中 2 段发生五则洪水)。对照 1954 年、1991 年和 1999 年洪水,在 50 年内相继 3 次大洪水,在历史上曾经发生,因此是符合统计规律。

2) 太湖历史洪水的灾害实况

关于历史洪水的灾害情况,常以死亡人数,受淹农田,倒塌房屋等记载估计,但实况灾情究竟怎样? 由于洪灾以后,造成饿死、疫死等时间滞后,没有作为洪灾直接的死亡人数计算,这样就缺乏洪灾死亡人数的统计上报记载,分述如后。

灾后农民饥饿致死:如 1823 年水灾,王之佐的《癸未大水行》:"可怜十室已九空,炊烟断尽斜阳红。儿女求鬻来市中,仳离乞食嗟奇穷。"由此可知,饿死或投河自尽等惨剧不断发生。

灾后疫病致死:当年发生疫病的,如 1510 年和 1680 年洪水,灾后河道积尸漂荡,水质污染,疫病传染,又缺医少药,发生流行病死亡。次年又继续发生疫病流行,未能列入当年水灾致死的情况较多。

因此,太湖历史洪水灾害,由于缺乏死亡人数的记载,若据以判断灾情较轻是不合理的。

3) 太湖历史洪水的成灾机制

历史上太湖防洪除涝的记载不少,有的工程还进行了较大规模的整治,但防洪减灾效果很低,究其原因,初步探讨如下:

(1) 设防标准偏低:太湖地区历史上水利工程设施不少,但限于时代,许多工程的设计标准较低,材料以土木和石料等原材为主,同时还缺乏管理制度等,这样工程往往年久失修,难以持久发挥防洪作用。

(2) 人为活动影响:在湖区周边的盲目围垦,例如北宋政和年间平江府(苏州)一地围田二十多万亩,逐步形成"有旱则无水可戽,有水则无地可潴"。从南宋到清代中叶,淀山湖周围从几二百里(见《云间志》1190—1194 年)缩至为七十里(1780 年)。湖阔从四十余里(《宋会要辑稿》1174—1189 年)减少至二十里左右。在河道淤积与围湖造田的过程中,淀山湖经历 600 余年。现在湖面积仅 65 平方千米,湖面积迄今几乎已缩小了一半,即平均每百年湖区面积约缩小 10 平方千米,颇为迅速。

(3) 气候异常背景:太湖洪水的发生,在历史记载中异常气候现象亦有不少记载。如,1670 年吴江六月初三微雪,松江六月十一日骤雨烈风三昼夜,苏州七月己未地震有声者。注意前期微雪,雨雹或天气偏旱,以及地震等观察,可供发生暴雨洪水等有些前兆参考。

洪水的成灾机制是复杂的,历史洪水灾害,以自然因素为主,但人为因素影响是明显的,足为今后借鉴。

备注:据水利电力部前上海勘测设计院,组织太湖历史洪水调查工作的有胡昌新、谢祖权、祝成润、杨朝鸾和张可勤等同志,上海博物馆传拓名家万育仁先生进行柘片工作(拓片一份存于上海博物馆)。本章主要内容于 1965 年 4 月以内部资料刊布,后发表于《水文》1982 年第 5 期。此次编撰又加以修改并补充订正。

第7章 黄浦江设防潮位分析的若干问题

现行设计洪水(暴雨、潮位)的分析计算有两种途径,一是采用统计方法(频率分析计算)推求设计洪水;二是从水文气象成因途径(即可能最大洪水)估算设计洪水。根据水利、水电工程建设需要,制定设计洪水的量级与重现期,以对未来长期的洪水情势,作出设计预防措施。

我国《水利水电工程水文计算规范》(SL278-2002)指定采用 P-Ⅲ型分布,为水利水电工程和防护区应用于设计洪水、设计径流或暴雨等估算。在《海港水文规范》指定采用耿贝尔(E·J·Gumbel)分布,即第Ⅰ型极值分布(EVI),为海岸工程中应用于波浪、潮位等设计值估算。近年来我国沿海沿江地区潮位研究,经皮尔逊Ⅲ型分布的检验论证,亦可适用于海堤工程和感潮河流设防潮位估算,且较耿贝尔分布的适应性为优。

现选采几座我国城市比较,如表7-1所示:

表7-1 我国部分城市防洪规划标准

河 名	城 市	防 洪 标 准
伊通河	沈 阳	300 年一遇
永定河	北 京	可能最大洪水
海 河	天 津	200 年一遇
长 江	上 海	1 000 年一遇
长 江	南 京	1954 年洪水
珠 江	广 州	200—800 年一遇

从表7-1可以看出,我国许多重要城市都是傍水而兴,像北京、广州等都具有千年以上的发展过程,上海却是后起城市,但有得天独厚的太湖—黄浦江为上

海的崛起提供极其重要的保障。

设计洪水运用统计学途径是基于水文现象的随机性,这种随机特性需要大量资料统计出来,并须经过实践检验。所以,实质上是各种模型分布的数学工具,符合概率统计的归纳法。经多年来对上海地区潮位频率分析计算,虽然资料系列长,测站分布较多,但是潮位资料的一致性和样本的代表性问题,按照一定的设计标准,仍然影响估算设防成果的可靠程度,现探讨如后。

7.1　设防水位简况

黄浦江贯穿上海市中心区(简称市区),江面宽阔,水量充沛,两岸人口密集,建筑众多,经济繁荣,具有城市化高度发展的特点。因此,上海市区防汛工作以黄浦江的防汛墙为重点保障体系。

据上海市区黄浦公园站的水位资料,以及沿外滩市区的被水淹涝情况(见表7-2),潮水与洪涝水(主要为雨水形成)不分,当黄浦公园站水位达 4.70 米以上,将造成市区及外滩一带被水淹没的灾情。

表 7-2　20 世纪上海市区及外滩淹水情况

年份	农历月日	黄浦公园水位/米	市区及外滩淹水情况
1905	八月初三	(5.15)	福州路水深及腰
1914	七月二十	4.73	外滩及福州路水深没踝
1921	七月十七	4.88	沿江各处马路均水深过膝
1931	七月十二	4.94	望平街水深二尺,南市(上海县旧城厢)水深及腰
1933	七月二十九	4.86	两岸淹没,江西路福州路处水几达三尺许
1949	六月三十	4.77	市区几乎成泽国,南京路永安公司前水深及腰
1962	七月初三	4.76	半个市区被淹,南京路食品一店前水深 1 米
1974	七月初三	4.98	吴淞、浦东、龙华等地被淹
1981	八月初四	5.22	高潮位的风浪浸过黄浦公园堤岸
1997	七月十七	5.72	无(下游宝山局部被淹)
2000	八月初三	5.70	无(上游局部被淹)

新中国成立以来,为加强全市防汛设施建设,构筑了黄浦江防汛墙,累计全长(两岸)511 千米,其中、下游段(市区)达 294 千米;而上游干流及其主要支流段 217 千米。设防水位(或称保证水位),是指防洪工程所能保证安全运行的最

高水位,当堤防的高度、宽度及堤身的质量已达到设计标准的工程河段,其设计最高水位即为设防水位。现将黄浦江市区河段的设防水位演变过程简述如下:

1) 1920 年护岸水位

20 世纪初,上海外滩一带修建码头驳岸和护岸工程。1920 年外滩护岸顶高约为 4.70 米,相当于 5 年一遇防洪标准,因此 1921 年、1931 年、1933 年、1949 年、1962 年台风暴潮,潮位高于外滩地面时,造成市区灾害损失。

2) 1963 年首次规定设防水位

1962 年潮灾约有半个市区被淹,损失惨重。市城建部门于 1963 年首次提出市区防汛墙设防水位规定,要求顶部标高不低于历史最高潮位 4.94 米(即 1931 年黄浦公园最高潮位),到 1974 年市区建筑防汛墙长度达 150 千米。

3) 1974 年修改设防水位

1974 年 8 月 20 日台风高潮。黄浦公园站达 4.98 米,又超过 1963 年制订设防水位。当年 11 月市防汛指挥部颁布了市区防汛墙设防标准,规定黄浦公园站防御水位 5.30 米(按当时频率分析计算,千年一遇为 5.35 米),市区防汛墙扩建长度达到 224 千米。

4) 1984 年国家批准防洪标准的设计水位

1981 年 8 月遭 8114 号台风侵袭,黄浦公园站最高潮位达 5.22 米,高出外滩地面约 2.0 米左右,距黄浦公园内的旧防汛墙顶(1974 年设计)仅低 8 厘米,已有风浪越顶情况。1984 年 6 月由市水利局、河海大学等五个单位组成《上海市防洪水位研究课题协作组》提出《黄浦江潮位分析》报告(简称《报告》),经水利电力部规划设计总院等审定。9 月该报告经水电部明文批准:近期上海市区防汛墙的加高加固工程可按千年一遇标准,即相应黄浦公园站 5.86 米(吴淞口相应为 6.27 米),墙顶为 6.90 米(即另加超高 1.04 米)。1988 年 10 月经国家计委批准,市区防汛墙加固加高工程开工建设,至 2008 年已全线完成,见图 7-1。

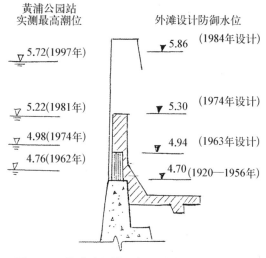

图 7-1　外滩防汛墙历年设防水位(单位:米)
(注:未加安全超高部分)

现将世界各国部分城市采用的防洪(潮)标准摘录如表7-3所示。

表7-3　部分国际城市防洪措施比较

河　名	重要城市	防　治　措　施	防洪标准/重现期(年)
塞纳河	巴黎	堤岸(巴黎距河口500千米)	800
莱茵河	鹿特丹	单孔开敞式挡潮闸	10 000
泰晤士河	伦敦	10孔挡潮(通航)闸	1 000
涅瓦河	圣彼得堡	8孔节制闸与防护堤	1 000
淀川	大阪	海堤(底基宽90米)	200(超高加3米)
黄浦江	上海	市区防汛墙 沿海海塘	1 000(超高加1米) 100—200

注：美国对重大工程采用可能最大洪水(PMF)为设计依据。

从表7-3搜集的资料,各国采用的防洪标准相差悬殊,与自然条件、防洪战略、法律制度、计算方法等不同有关。例如荷兰设防标准最高,可能与所处北海海滨,常遭飓风有关,而日本的设防标准最低,但却采用加超高为3米(各国一般加超高2米),已增加安全考虑。经对照上海防汛墙近期设防标准1000年一遇,超高值为1米,其标准与超高并不偏低,符合上海城市安全的决策要求。

据1997年8月的"9711"号台风暴潮影响,黄浦江干流各站都出现超历史的高潮位,黄浦公园潮位达5.72米,超历史记录0.50米。接着2000年8月的"派比安"台风击袭,黄浦公园站潮位亦有5.70米,连续两次超历史记录,且与设防水位5.86米比较,仅低0.14—0.16米,亟须探讨存在原因。

若据1997年与2000年等高潮位资料,加入1912年以来的潮位系列,复算黄浦公园高潮位频率曲线(并经一致性修正),仍按1984年批准千年一遇5.86米,在复算频率曲线上查得为200年一遇,显然降低了设防标准。

为此,对黄浦江设计潮位分析,需探索较系统全面的研究思路,针对1984年潮位分析存在的问题,进行讨论如后。

7.2　黄浦江高潮位异变与一致性研究

1949年以前黄浦江沿岸没有防洪墙,仅在中心地区由沿河各单位及工务部门陆续修建了一些护岸工程,顶高程大致在4.6—4.8米左右。1949年5月27日上海解放后,防洪标准及防御水位经历多次调整,同时实施相应工程措施,逐步提高黄浦江防洪防潮能力。

1963 年,规定以防御黄浦公园高潮位 4.94 米为标准,这也是黄浦江第一个防洪标准。1974 年 13 号台风入侵,黄浦公园高潮位再超历史记录达 4.98 米,事后颁布市区相应黄浦公园潮位 5.3 米,下游河口相应吴淞潮位 6.1 米的防洪标准。1981 年受 14 号台风影响,在浦东开闸纳潮的情况下,黄浦公园达 5.22 米高潮位,至 1984 年完成《黄浦江潮位分析》报告。1985 年,经水利部批准近期市区防洪标准提高到千年一遇(吴淞 6.27 米,黄浦公园 5.86 米),该标准一直执行至今。据此标准,经国务院批准,1988 年开工加高加固黄浦江防汛墙建设,1991 年建成了苏州河挡潮闸。

自 1991 年以来,因工情显著变化,黄浦江水情多次出现特高潮位,1997 年黄浦江风暴潮时,吴淞、黄浦公园、吴泾、米市渡各站实测最高潮位全面突破历史记录,升幅明显,将面临设计防洪水位调整问题。

因此,为黄浦江设计年最高潮的频率分析计算,基本资料必须符合代表性、可靠性和一致性要求。现着重对黄浦江主要水文站高潮位的一致性处理研究如后。

7.2.1　黄浦江高潮位变化与原因分析

在黄浦江干流,吴淞、黄浦公园、米市渡等站积累了较长系列的潮位资料。为确保采用资料的可靠性,一般不进行大规模资料外延修正,主要采用各站实测资料系列,至 2002 年,并全面沉降订正。

1) 高潮位趋势抬升

高潮位升幅明显,黄浦江高潮位的变异主要体现在:

以黄浦公园站实测潮位为例,在 1913—1979 年 67 年中,没有达到过 5.00 米的记录,仅 1931 年出现 4.94 米和 1974 年出现 4.98 米;在 1980 年以后 20 多年中,阶段最高潮位 5.72 米,超过 5.00 米的有 8 次,而且新记录较前 67 年的最高记录抬高了 0.74 米。从阶段均值变化过程来看,在 1979 年前的各十年平均值在 4.40—4.60 米左右,从 20 世纪 80 年代开始十年平均值明显抬高,90 年代以来更是高达 4.91 米,比最低的十年平均值抬高了 0.53 米,抬高幅度较大。

河口段自吴淞至黄浦公园之间相距 26 千米,资料显示,90 年代河口段最高潮位的水面落差远远小于 1981 年以前,几乎减小一半,说明黄浦江中上游潮位升幅大于河口。两站最高潮位时的落差情况统计如表 7 - 4 所示。

表7-4   历次严重风暴潮影响期间河口段高潮位落差比较

(吴淞—黄浦公园)

1931—1981 年		1989—1997 年		2000—2012 年	
发生日期	落差(米)	发生日期	落差(米)	发生日期	落差(米)
1931.8.25	0.42	1989.9.3	0.31	2000.8.31	0.17
1933.9.19	0.64	1992.8.31	0.22	2002.9.8	0.20
1949.7.25	0.41	1994.8.22	0.26	2003.9.14	0.18
1962.8.2	0.55	1996.8.1	0.28	2005.8.7	0.10
1981.9.1	0.52	1997.8.19	0.28	2012.8.3	0.20
平均值	0.51	平均值	0.27	平均值	0.17

2)潮位升高与人类活动的影响

黄浦江潮位异常升高,除了全球气候变暖、海平面上升和风暴潮加剧等自然因素变化以外,人类社会活动影响不能忽视。

(1)长江口的综合整治发生了新情况。

长江口的综合整治也产生新的情况。如,长江口徐六泾河段自1958年开始束窄,至今由13千米束窄为6千米左右,对稳定长江口河势起了重要作用,但也导致河口潮位的抬升。同时河口围垦也是影响因素之一。

(2)太湖流域围垦的影响与综合治理产生了新问题。

太湖流域筑堤建圩,自新中国成立以后一直持续到1985年,从而不仅削弱了湖泊的调蓄能力,导致行洪不畅,水位壅高。随着太湖流域城镇化率大幅度提高,下垫面发生较大变化,城镇化加大了径流系数,减少降雨入渗,同时对原水利分区和水流运动必然产生影响。

太湖流域的综合治理,在防洪、供水和水环境等方面发挥了积极的作用,但也出现了一些新情况,需要研究。如1992年,连接太湖与黄浦江的太浦河的开通,一方面有利于太湖流域的泄洪,同时因潮流顶托,也带来水位自下而上相应顶托影响。

(3)城市发展与黄浦江的综合整治带来了新趋势。

黄浦江大规模的水利建设始于20世纪70年代。黄浦江两岸码头泊位由60年代的109个上升至90年代1 000余个,这些码头在高潮位时的阻水作用不容忽视。外滩防汛墙改建工程束狭了过水断面,致使潮水壅高。随着市区城市排水系统和设施的完善,向黄浦江排水的能力不断增加。

黄浦江两岸支流逐步建闸控制，至 90 年代，沿江支流 95％已建水闸控制，主支河槽蓄量的比值由新中国成立初期的估计值 1：1 降至现在的 1：0.3 左右，台风高潮时支流河网不再纳潮。

以上大多通过模型计算得到验证，这里不再赘述。总之，黄浦江水系工情在近二十年来已发生根本改变，也影响着水情的变化。

7.2.2 高潮位系列一致性修正研究

潮位一致性修正一般有两种处理方法：其一为"还现"修正，即以现状年份为基准，将治理前资料统一到现状水平；其二为"还原"修正，即将现状资料统一到治理前的水平，对于后者通常还必须对各设计值推算到按现状或规划治理水平。参证站的选用，从理论上讲选择不受非自然因素影响的水位站作为参证站，建立对比关系确定修正量。实际上选择不受非自然因素影响的测站比较难，而且具有长系列资料的测站实属少见。

对黄浦江各站系列修正，必须结合修正站本身情况和周边可选参证站具体条件，以吴淞站为例说明。

1) 相关分析法

吴淞站位于黄浦江河口，潮汐作用占绝对优势，可在长江口、东海水域代表潮汐作用的测站选择作为参证站。就实测资料系列的年限、连续性等方面对比了长江口内外 9 站，决定采用长江口外大戢山站和绿华山站作为主要参证站。大戢山站于 1977 年设立，资料齐全；自 1978—2002 年的年最高潮位，经分为前后两个时段的 E 检验，差异不显著，则全时段具有系列一致性较好的参证站。绿华山站于 1915 年设立，至 1921 年中断，1957 年 9 月恢复观测，1978 年起资料完整。但部分受强台风影响，致潮位有缺测。鉴于两站地理位置不同，经采用 1987—2001 年间 6—10 月的月最高潮位建立相关关系，$H_绿 = H_大 + 0.63$，其 $R = 0.95$，可进行相互插补。因此大戢山与绿华山两站连接，作为一个参证站资料，可从 1916 年开始，供吴淞站等做一致性检验分析应用。

(1) 还现修正。

据吴淞站与大戢山站的 1981—1997 年资料，建立相关关系，绘制图 7-2，其代表水平关系式：

现状水平Ⅰ(1981—1997 年)，$H_{吴淞} = -1.766 + 1.263 H_{大戢山}$，$R = 0.92$ 式中，H 表示高潮位，单位为米，下同。

对吴淞站系列资料分析可看出，20 世纪 80 年代起潮位有明显上升趋势，80

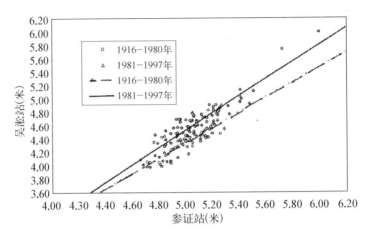

图 7-2　吴淞与参证站相关线

年代前后有明显的差异。考虑 1981 年至今时段有 20 余年,工情变化大,因此以
1992 年至今代表现状水平建立关系。

现状水平Ⅱ(1992—2002 年):$H_{吴淞} = -1.819 + 1.264 H_{大戢山}$,$R = 0.93$

由于参证站最早仅从 1959 年开始有完整资料,系列只能订正到 1959 年,修
正后吴淞站高潮位序列自 1959 至 2002 年,系列长 44 年。

从现状水平Ⅰ和Ⅱ比较,Ⅱ式虽增加了 1998—2002 年间的 5 年系列,但相
关系数和方程基本相同,较为稳定。

(2)还原修正。

还原修正是将全部资料统一订正到原先未受影响的水平,即将吴淞站 20 世
纪 80 年代及其以后的高潮位修正,具体是依照下式修正,结合 80 年代之前吴淞
站实测高潮位,得到完整吴淞站高潮位序列。

1980 年前水平:$H_{吴淞} = -1.206 + 1.114 H_{大戢山}$　　　$R = 0.83$

其相对于现状水平关系,可通过消去中间变量,建立关系 $H_{吴淞(现状)} = -0.451 + 1.135 H_{吴淞(1980年前)}$,代表现状条件与 1980 年前高潮位的平均变化水平。

2)双累积曲线法

双累积曲线分析方法曾用于降雨量、平均径流等一致性分析,吴淞、黄浦公
园等站潮位的变差系数较小也可使用。双累积曲线分析是一种图解方法,方法
是把本站记录的时间趋势与参证站进行比较。将所讨论测站的累积值与邻近的
一个或一组有一致性系列测站的同类数值对应点绘于图上,双累积曲线的坡度
的间断点说明资料的一致性已被破坏,比例常数发生了变化。截取其近期最大

斜率即为反映系列已受环境综合影响的实际程度。有了最大斜率值,继续寻求系列的间断点,其斜率与最大斜率值的比值,即为一致性修正系数。

本法依据参证站为大戢山站,其年最高潮位序列的累积值作为判断依据。存在问题是参证站系列不够长。只有两种处理方法,一是曲线趋势外延,二是基于与绿华山站相关关系,延长参证站序列到 1959 年,现选择后者。首先以 1997—1992 年为现状基准段,绘制图 7-3,其最大斜率 $m_0 = 1.073$,而 1991—1987 年间 $m_1 = 1.032$,则 1991—1987 年的修正系数 $K_1 = m_0/m_1 = 1.040$,不同时段的修正系数由表 7-5,推得吴淞站自 1912 年至 1992 年的年均修正系数为 4.8%。

表 7-5　吴淞站双累积曲线法一致性修正系数

方案	系数	基准段	修　正　段			
			1991—1987 年	1986—1978 年	1977—1959 年	1958 年以前
A	基准年:1997—1992 年					
	m_i	1.073	1.032	1.022	1.020	
	k_i	1.000	1.040	1.050	1.052	1.052
B	基准年:2002—1992 年					
	k_i	1.000	1.007	1.016	1.027	1.035

同理,方案 B 以 2002—1992 年为现状基准段,由表 7-5 得出其年均修正数为 2.9%,考虑方案 B 的历时较长,较为可靠。

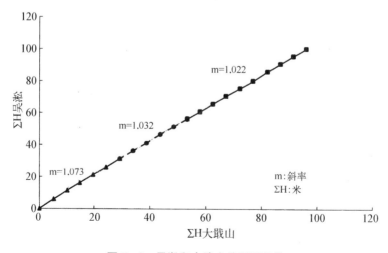

图 7-3　吴淞和大戢山站双累积线

3）滑动平均序列提取趋势项法

时间序列 $Z(t)$，一般由趋势项、周期项、突变项和随机项组成。年最高潮位序列中，若周期项和突变项并不明显，即时间序列 $Z(t)$ 可看作为趋势项 $A(t)$ 和随机项 $R(t)$ 之和。若能够将趋势项 $A(t)$ 从时间序列中分割出来，则年最高潮位可按下式修正：

$$Z'(t) = Z(t) + \left(A(n) - A(t) \right), \ t = 1, 2, \cdots, n$$

式中，$Z'(t)$——修正后潮位；

$Z(t)$——实测潮位；

$A(n)$——原始时间序列第 n 项的趋势值；

$A(t)$——原始时间序列第 t 项的趋势值。

年最高潮位序列包含随机波动成分和趋势成分，为使原始序列中随机波动得以部分抵消，原本参差不齐的序列得以平滑化，突出显示趋势成分，对修正站的年最高潮位序列求滑动平均。对滑动平均序列 $Z'(t)$ 同样按上述方法确定趋势项，得修正站年最高潮位 9 年滑动平均序列的趋势项，如吴淞站系列的趋势项如下：

$$A''(t) = 0.001\,8t^2 + 0.016t + 5.053\,5 \ (t = 1, 2, \cdots, n, \ n = 90)$$

其年最高潮位原始序列按下式进行修正，式中 $Z'(t)$ 为修正后潮位，$Z(t)$ 为实测潮位，$A''(n)$ 为滑动平均序列第 n 项的趋势值，$A''(t)$ 为滑动平均序列第 t 项的趋势值。

$$Z'(t) = Z(t) + \left(A''(n) - A''(t) \right), \ t = 1, 2, \cdots, n$$

4）方法比选

相关分析在水文分析与计算中是最基本的方法，在具备参证站资料，且各时期设计站资料与参证站资料相关关系都密切的情况下，可选用参证站对设计站序列进行一致性修正；在参证站本身资料不一致的情况下，需对参证站本身资料进行修正后方可采用。在对黄浦公园、吴泾、米市渡站系列一致性修正时，需要考虑代表上游水情参证站。事实上上游参证站非常难觅，其资料系列的一致性同样需引起重视，引用时必须加以分析。从资料相关性和系列长度角度可选嘉兴、平望两站。

双累积曲线分析是一种图解方法，用以对测站记录的不一致性进行判别或校正，双累积曲线法从表面上既不同于单相关，也区别于复相关，就其实质来说，仍是一种以累积值之间的相关,一种独特形式的相关,具有操作简单直观的优点。各阶段斜率差别较小情况下,不一致点的判别与斜率的截取比较困难,容易产生误差,但借助电脑定线可有效减小其误差。

滑动平均序列提取趋势项修正不需要参证站,而且能进行连续渐变修正等优点,并通过对原始时间序列求滑动平均,旨在突出显示趋势成分,克服趋势项随机波动的影响。但正因为修正仅凭原始时间序列本身进行,而原始时间序列是自然因素造成的随机波动和人类活动导致的方向性变化的混合体,所以在确定趋势项时易受序列随机波动的干扰,其中大洪水或强台风导致的高潮位因被曲解成"趋势"而对趋势项的确定产生较大影响。修正值仅是时间的函数,而与潮位本身大小和形成原因无关,这种修正方法在成因上仍不能得到满意的答案。

7.2.3　小结

经 1997 年台风高潮的检验,吴淞高潮位达 5.99 米,黄浦公园为 5.72 米,对照 1984 年《黄浦江潮位分析》报告,由频率分析计算方法,其设计潮位显然偏低。该《报告》的一致性处理以吴淞、米市渡为参证站,并采用 1981 年以前为现状水平,随着黄浦江和太湖流域的工情变化,导致水环境发生很大变化,实为当年《报告》所难以预料的,可见资料一致性处理问题,影响频率计算成果的可信度,必须引以为鉴。

对这个难以预料的问题,很有必要进行反思。"《黄浦江潮位分析》审查会议总结发言"指出,"假定吴淞、米市渡二站(参证站)不受黄浦江水系变化的影响"是个难以持久的问题,但当年为工作阶段所限,未及时补救,遂成为"难以预料"的遗留问题。因此,在弄清楚问题的前因和后果后,更深刻地认识到了资料一致性处理的重要性和深刻意义,同时,也反映了该《报告》经受了历史的验证。

现采用东海的大戢山、绿华山为参证站,并以 1992—2002 年为现状水平,进行一致性研究处理,已能适应现状水环境的特点。

同理,今后工情的变化怎样,资料一致性问题,不仅仅是频率分析计算的基础,也是水环境变化研究的重点。例如海平面上升影响,所依据的大戢山、绿华山的参证站势将有所变动。因此,海平面上升、气候异常变化、地面沉降影响和城市化效应影响等,对河道的环境变化,存在着许多不确定因素。

关于资料一致性问题,是个十分复杂的问题,所谓表示相对稳定的"现状水平",是否客观,能否保持多少年,颇难概括,还有一些说不清楚的误差等。现行考虑"还原"和"还现"的一致性研究外,能否需对"超前"(指工程建成后使用年限内)一致性考虑,尚待作专题研究。

7.3　黄浦江历史风暴潮的认识与作用

我国历史洪水调查研究,始于新中国成立初期,颇为重视,遍及七大江河流域,取得大量宝贵资料,并在水利水电工程建设中,作出了卓著的贡献。沿海地区历史风暴潮调查起步较晚,1982年上海进行历史风暴潮调查,迨后1999年重新调查,现就两次调查研究中的主要问题、对调查途径、成果评价和作用等,阐述如后。

7.3.1　历史洪潮资料的调查途径

为水利工程建设需要,对历史洪潮资料的调查途径,基本上从两个方面进行。

(1) 现场调查,寻找历史洪潮痕迹。一般只能获得约百年左右的历史资料。据我国沿海省市的历史风暴潮调查成果摘录如表7-6所示。

表7-6　沿海实测与调查最高潮位对照

省市	地　点	实 测 最 高		历史调查最高		ΔH
		潮位/米	年份	潮位/米	年份	
广西	石头埠	4.36	1986	5.00	1934	+0.64
广东	南　沙	2.63	1983	3.40	(1913)	+0.77
	深　圳	2.66	1989	2.90	1929	+0.24
福建	沙　埕	10.9	1956	11.19	1904	+0.29
	梅　花	9.76	1969	10.36	1920	+0.63
浙江	海　门	6.9	1981	6.78	1923	−0.12
江苏	燕尾港	3.84	1981	4.40	1939	+0.56
山东	羊角沟	6.74	1969	6.99	1938	+0.25

注: ① 本表据《中国风暴潮概况及其预报》摘录。
　　② 潮位: 米,系各省市采用水准基面。

从表7-6知,沿海历史最高潮位(H调查)>实测最高潮位(H实测)的差值,即 $\Delta H = 0.25$—0.77 米(除浙江海门站外),其历史年代均在1900年以后,则重现期应为百年一遇，仅能满足一般水利工程的设防要求。

（2）通过历史文献资料查证，探索三五百年间的特大洪水。据上海地方志和历史笔记等文献，例如《历年记》《三冈识略》《唐堂集》等著作，获得历史特大风暴潮的侵袭地点、淹水深度和伤亡灾情等信息；再深入现场查找核对。按《历年记》等描述对清康熙三十五年（1696 年）特大风暴潮的调查，在老宝山城（今浦东新区高桥镇东北 4 里处，已列为上海市文物保护单位）附近城隍庙等地的被淹深度，测得较确切的高程，推得 1696 年最高潮位在 6.2—6.6 米之间。

表 7 - 7　吴淞口调查与实测最高潮位　　　　（单位：米）

调查序号	实 测		历 史 调 查			ΔH
	年份	潮位/米	年份	变幅/米	采用/米	
1	1981	5.74	1905*	4.04—6.33	*5.55	−0.19
2	1997	5.99	1696	6.2—6.6	6.4	0.41

注：*据 1905 年潮位记录（人工观测）为"十八呎六吋"，折算为 5.64 米。

由表 7 - 7 知，第 1 次调查成果，据吴淞口附近现场访问，与表 7 - 6 所示的浙江海门站相仿（调查值低于实测值）。第 2 次 1999 年调查，据历史笔记查证，1696 年特大风暴潮信息，从定性转化为定量，取得三五百年间的历史特大值，满足重要城市防洪工程建设的研究。

7.3.2　历史洪潮资料的成果评价

黄浦江吴淞口，处于河口海岸带，地势平坦，房舍分散，台风暴潮遗留痕迹往往年久消失，现从历史文献记录查证对历史潮位初步评价如后。

1）历史高潮位的起算面

在县志或历史笔记中有"水高四五尺""水高丈余""水涌二丈"等记载，但如何确定其高程，有相当难度。例如在 1982 年第 1 次调查中，曾对 1905 年的高潮位认为："崇明县志记载水高丈余，而实际调查到却只有一米余，再设想一下，如水真有丈余，那当时的草屋将尽行没顶。加之风浪，不但农村，即使崇明、川沙、宝山等城也将有毁灭性的灾害。"因此未予采用。

在 1999 第 2 次调查时，查得崇明县志中《丈二洪潮记》："明初（指洪武二十二年，即 1390 年），洪潮屡溢，父老指宪告灾，宪诘云，潮势约几何，父老对曰，一丈二尺，宪又诘云，民畏不远避，尚能测其数耶？对曰：八尺海岸，岸上三尺藜蒿,藜蒿蒿头水滔滔,故知丈二洪潮……"(见康熙《崇明县志》卷七原注)这使我们恍然大悟,原来"水高丈余"是指以水面为起算面,不能想当然把"水高丈余"理解为加在县城地面上的高度,而显得极不合理。

在宝山县城潮位调查时,对 1732 年的高潮位,据光绪宝山县志"平地水高丈余",颇为惊人。后来查阅乾隆《宝山县志》,"海潮溢岸丈余"(卷三)和水"高至丈余"(卷二),两处描述不尽相同。为此,查得常熟横泾(属太仓)等也有"深丈余"的记载,经上下游各处对照考证,可分别按岸边高程和水面起算面推算。

因此,对"水高"必须按当年所处地点和它的起算面来推算,于是提出了估算历史高潮位的方法有:以地面为起算面和以水面(如平均半潮面)为相应起算面,才能取得可靠成果。

在沿海感潮河流,一般的平均半潮面,或平均低潮面为人们能经常观察的水面线,所以用水面起算,这是与当地的习惯有关。

在潮位的调查方法中,提出识别水高的"起算面"途径,运用于沿海平原地区,将历史风暴潮的定性描述,转向为定量或半定量化,使众多的历史文献资料,得到发掘利用,是有实际意义的。

2)历史资料的水高与塘高关系

历史调查资料的量级(即流量、水位等)由于缺乏确切洪水痕迹,或者地形、断面变化,其量级调查值较实测值的误差为大。因此对沿海平原地区的调查要求更需严格。

首先经沿江沿海海塘高程的调查:① 1933 年风暴潮:"吴淞口海潮暴涨,最高时与海塘相差仅五六寸,附近居民大起恐慌"[民国 22 年(1933 年)9 月 10 日《申报》第 10 版],由此推得当时塘顶约 5.8 米;② 1949 年 10 月高桥海塘抢险工程,填补堤身决口,乃至 5.8 米;③ 1951 年川沙县凌桥乡外的低沙滩,市工务局围筑土堤,堤顶高程 6.0 米;④ 1949 年解放初,崇明岛海堤,除城桥、堡镇的土堤顶高为 6.0 外,其余顶高 5.6 米;⑤ 1950 年南汇段钦公塘标高一般在 5—6 米,至 1972 年把塘夷平,改建为公路;⑥ 据 1982 年《黄浦江历史高潮位调查报告》中:"乾隆五年(1740 年)冬土塘内建造石塘,宝山县城附近一段,现仍保留完整,此塘高程为吴淞高程六米左右。"可见上海历史上海塘高程基本上在 6.0 米左右。

上海沿海的堤防和护岸工程统称海塘工程,是抵御风暴潮的第一道防线,据历史文献记载,上海海塘始于唐开元元年(713 年),但全线的海塘在明成化八年(1472 年)起大规模修筑,西起长江口南岸浏河口,经宝山、上海(含川沙、南汇)、华亭(含奉贤、金山)南抵浙江海盐,经历百余年,建筑长度达 368 里,塘高一丈七尺,底宽 4 丈,面宽 2 丈,形成"江南海塘"。

现以吴淞口两侧的宝山海塘(即江西塘,江东塘)为主,历史上各年代的海塘高度如表 7-8 所示。

表 7-8　海塘高度与风暴潮水高对照

年份	海塘高度记载	年份	风暴潮水高描述	塘高与水高关系	备注
1472	一丈七尺	—	—	—	江南
1575	一丈五尺	1539	宝山水涌二丈	塘高<水高	①
1634	一丈四尺	1591	嘉定*水高一丈四五尺	塘高≈水高	②
1727	一丈五尺	1696	嘉定*水高一丈四尺五	塘高≈水高	②
1738	一丈五尺	1732	宝山溢岸丈余	塘高>水高	③
1835	一丈二尺	1832	宝山乘船入市	—	
1882	半丈余	1905	崇明水丈余	塘高<水高	④

从表 7-8 可知,古代海塘的设计高度,主要是历史高潮位而定,但是由于塘高与"水高"的起算面不一,和海岸滩地淤涨关系,使塘高与水高既相应,又不相符。

例如 1738 年修筑五团至九团(今浦东新区境内)圩塘,长四十余里,高"一丈五尺",称小护塘。1882 年该塘遭风暴潮冲毁,次年修筑一团至七团圩塘,长七十余里,相隔约 150 年(情况如③④),抵御风暴潮"水高丈余"相近,而海塘建筑高度从一丈五尺降为半丈余,这是由于滩高淤涨,旧塘坍塌,从低滩逐渐变为高滩,在高滩上建筑海塘,高度相应降低(见图 7-4)。

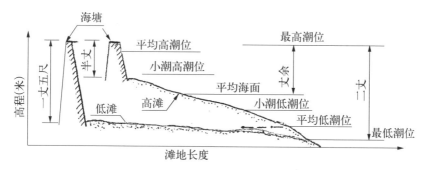

图 7-4　水高、塘高与潮汐特征示意

如图 7 - 4 所示,水高、塘高的基面起点不同,水高大于或小于或接近塘高都有可能。从海塘高程的调查考证,对历史高潮位的评估,具有旁证作用,即历史高潮位与海塘高程存在一定关系,应在 $H = 6 \pm \Delta H$ 的变幅,例如 1696 年历史风暴潮记载"漂没海塘五千丈",可见,"漂没"系"水高"超过"塘高",则高潮位按海塘高程 6 米,而 ΔH 为 +0.4 米是合理的(详见第 5 章),可作为重要的旁证依据。

7.3.3　关于历史洪潮资料的作用

关于历史洪潮资料的作用,存在两种不同看法:一种认为历史资料的调查水位及其重现期,存在一定误差,若加入频率计算,可能矫枉过正,将使设计数据过分保守,造成工程建设浪费,只能作定性分析参考。另一种认为历史资料是我国历史悠久的条件下,经过调查考证获得的宝贵信息,虽有相对误差,但严格的合理性检查后,参与频率分析,将能改进频率曲线外延的重要作用。现进一步讨论如后。

1) 历史资料参与设计潮位分析的重要作用

新中国成立初期,在水利水电工程建设过程中,由于忽视历史洪水资料,仅据实测 30—50 年系列,推算千年一遇设计洪水成果,后来发生的洪水,却超过原设计成果,有的甚至发生水库失事,迫使工程设计重新变动。1979 年颁发《水利水电工程设计洪水规范》已将历史洪水列为设计洪水计算的重要基本资料。

黄浦江外滩防汛墙工程的设防高程演变,亦类似上述不断变动的状况,如表 7 - 9 所示。

表 7 - 9　外滩防汛墙黄浦公园站设防水位变动情况

年　份		1974—1983 年	1984—2013 年
墙顶高程/米		5.3—5.8	6.90
水位/米	设防	5.3	5.86
	实测	5.22(1981 年)	5.72(1997 年)
	警戒	4.4	4.55

由表 7 - 9 知,外滩防汛墙在 20 年间,由于风暴潮位飙升,使设防水位变动,防汛墙工程也随着改建。

1997 年的台风暴潮,黄浦公园站水位达 5.72 米,仅低于 1984 年设防水位 0.14 米,又将面临外滩防汛墙设防水位再次变动的局面。如何充分考虑历史洪潮资料,势必列入重要议事日程中。

2）利用历史资料建立“历史模型”的研究

1985 年周魁一提出“历史模型”研究论文,迨后岷江流域的历史模型与水文模型相结合的水灾风险分析方法,已被列入《洪水风险图绘制纲要》。因此,应用黄浦江 1696 年特大历史风暴潮资料,在取得定量化的基础上,设法建立起“历史模型”,将有助于绘制“洪水风险图”和预测预报等参考。

7.3.4 小结

综上所述,当历史资料的量值及其重现期正确可靠的前提下,没有理由可以放弃或拒绝应用,因此历史资料与设计频率分析的关系,亦是理论与实际相结合的问题。

对照《黄浦江潮位分析》报告,当年调查历史高潮位时,按照实地调查与地方志文献相结合的方法,并调查了古海塘高程等,提出结论“推测 1696 年的潮位不致超过 6 米”(指海塘高程)。上海的历史文献,除地方志外,还有历史笔记与诗集,蕴藏着洪潮灾害的大量信息,能弥补地方志的不足。但当年没有查找有关历史笔记《历年记》等史料,从而缺乏对 1696 年潮位的深入了解。因此缺失历史高潮位参与频率分析,导致设计潮位成果有所影响,亦是教训之一。

可见,水文科学技术的发展,对历史资料提出了新的要求,把历史资料实现信息化,才能发挥它在设计频率计算分析和洪水风险图评价等重要作用。

7.4 设计潮位成果的合理性评价

鉴于设防潮位成果的合理性检查,涉及频率分析的方法、参数、基础资料和调查资料等许多项目,虽有规程规范的原则性规定,但是缺乏针对性操作措施。从黄浦江潮位分析成果的比较,尚须开展两个检查项目,才能确保推算成果的可靠性,这是必不可少的最后环节。

7.4.1 沿海台风增水值的地理分布检验

我国沿海风暴潮实测潮位(x_i)资料,由于各地采用基准面不同,和天文潮潮位(G_i)的地理位置不同,则台风增水值 $\Delta x_i = x_i - G_i$ 推算,因此能通过台风增水值的地理分布规律比较,如表 7 - 10、图 7 - 5 所示。

表 7 - 10　中国沿海测站最大增水摘要

海区	站　点	纬　度	经　度	日　期	增水/米	备　注
南部	石头埠	21°36′	109°35′	1971 年 6 月 27 日	2.33	
	海　口	20°02′	110°21′	1980 年 7 月 22 日	2.49	
	南　渡	20°52′	110°10′	1986 年 9 月 5 日	3.39	
	湛　江	21°10′	110°24′	1980 年 7 月 22 日	4.56	（·）
	北津港	21°18′	112°01′	1980 年 7 月 22 日	2.55	
	黄　埔	23°05′	113°28′	1964 年 9 月 5 日	2.52	
东部	平　潭	25°27′	119°51′	1971 年 7 月 26 日	2.47	
	白岩潭	25°56′	119°28′	1960 年 8 月 9 日	2.52	
	温　州	28°02′	120°39′	1952 年 7 月 20 日	3.88	（＊）
	宁　波	29°53′	121°34′	1956 年 8 月 2 日	2.51	
	乍　浦	30°36′	121°05′	1956 年 8 月 2 日	4.34	（＊）
	吕　四	32°08′	121°37′	1977 年 9 月 11 日	2.50	
北部	石臼所	35°23′	119°33′	1977 年 9 月 12 日	2.15	
	羊角沟	37°16′	118°52′	1969 年 4 月 23 日	3.77	寒潮
	唐　沽	39°00′	117°43′	1969 年 4 月	2.27	寒潮
	葫芦岛	40°43′	121°00′	1972 年 7 月 27 日	2.03	

注：① （·）、（＊）为特殊地形影响。
　　② 本表摘自《中国风暴潮概况及其预报》。

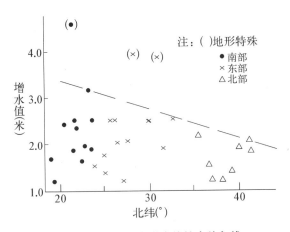

图 7 - 5　沿海最大增水值综合外包线

据各地实测潮位资料所推得台风增水值,增水值不仅与台风路径强度等有关,且受地理位置和地形等影响。例如雷州湾处的湛江站受 8007 号台风侵袭,由于湛江像口袋形状,当水体向湾内输送时,不易扩散,其增水达 4.56 米,若将这些特殊地形位置的增水点(●)、(×)除外,则增水值自低纬度向高纬度减小的分布图基本上可绘制一条外包线,视所在测站地理地形条件检验查用。吴淞站位于长江河口内,水面宽阔,并无特殊地形,按纬度 $31°24'$ 查得增水值在 2.65米。吴淞天文潮的全年大潮平均高潮位 3.15 米或台风季大潮期平均高潮位 3.82 米。经增水值与天文潮位叠加,验算吴淞站的设防潮位,可供参考。

7.4.2 统计参数的合理性检验

我国沿海地区的设计潮位研究较少,据《黄浦江潮位分析》,搜集沿海河口具有 28 年以上资料的 37 个测站,推得各站年最高潮位的统计参数,其中潮位变差系数 c_v 值,自 0.05—0.27,相差达 5 倍以上,不能了解潮位相互关联的规律。

经初步分析,沿海风暴潮潮位(x_i)可分解为天文潮位(G_i)和台风增水值(Δx_i)2 部分,即 $x_i = G_i + \Delta x_i$ 是不同成因的组合。天文潮位 G_i 可采用调和常数法得出,具有明显的周期性;台风增水值 Δx_i 由台风强弱与登陆路线所决定,一般由 $\Delta x_i = G_i - x_i$ 推得。因此当天文潮资料 G_i 较完整时,可以分别按 x_i、G_i 和 Δx_i 同时计算其参数,或者 G_i 变幅较小,可假定 $\overline{G_i} = G_0$ 为常数,仅按 x_i 和 Δx_i 计算参数则得

$$x_i = \Delta x_i + G_i \text{ 或 } x_i = \Delta x_i + G_0$$

$$\text{则 } c_{v\Delta} = \frac{\overline{x_i}}{\overline{\Delta x_i}} c_v, \ c_{s\Delta} = c_s$$

现将吴淞站最高潮位的频率参数估算如表 7 - 11 所示:

表 7‑11 吴淞站年最高潮位参数
(按两种分离天文潮状况)
(单位:米)

项 目	均 值	c_v	c_s	c_s/c_v
实测潮位 x_i	4.8	0.065	1.30	20.0
(一)当天文潮 $G_i = G_i$	4.23	0.06	−0.73	−12.2
Δx_i	0.60	0.70	0.75	1.1
(二)当天文潮 $G_i = $ 常数	4.20	0	—	—
Δx_i	0.60	0.52	1.30	2.6

从表 7-11 知,天文潮位的 c_s 为负偏态,表明它的频率曲线上端为有限,而台风增水的 c_s 为正偏态,其频率曲线的上端为无限,两者相较,由于 $G_i \gg \Delta H_i$ 且组成情况各异,故实测潮位的 c_v 难以反映沿海各站的 c_v 规律。

根据我国沿海测站最高潮位的频率参数举例,如表 7-12 所示:

表 7-12　沿海个别站年最高潮位参数比较　　　　（单位：米）

地　点	均　值	G_0	c_v	c_s	c_s/c_v	备　注
海河口	4.03	—	0.11	1.95	17.7	
小孙庄	0.63	3.4	0.70	1.95	2.8	增水值
杭州湾	4.18	—	0.08	1.49	18.6	
镇海	0.68	3.5	0.49	1.49	3.0	增水值
珠海口	1.79	—	0.11	1.16	10.5	
横门	0.49	1.3	0.40	1.16	2.9	增水值
长江	4.80	—	0.065	1.30	20.0	
吴淞口	0.60	4.2	0.52	1.30	2.6	增水值

从表 7-12,各站增水值的 c_v 在 0.4—0.7,而 $c_s/c_v = 2.6$—3.0,具有变幅较小的可比性,尚称合理可信,但搜集 3 个站点颇少,有待汇集多个测站进行风暴潮分离参数综合研究。

7.4.3　小结

关于沿海设计潮位成果的合理性评价,基本资料必须满足可靠性、一致性等要求,但往往难以直接证实,只能通过其他途径取得旁证依据,作出合理性解释。

前述增水值的检验,是从高潮位的成因规律探讨;统计参数的检验,是从统计规律特点探讨,这样对潮位设计成果的评价具有一定的说服力。但本文限于少数测站资料,建议对江苏、浙江和福建等地主要测站,进行前述同样计算成果,补充成因规律、统计规律的综合研究,以解决吴淞站目前孤例的状况,这是十分重要的研究课题。

7.5　黄浦江潮位"再分析"的建议

鉴于黄浦江潮位在 1997 年,2000 年、2005 年等台风风暴潮暴雨的侵袭,沿江潮位一再突破历史记录,现经《黄浦江潮位分析》报告的问题剖析,将面临 1984 年制订设计潮位的再修改。为确保上海市中心区防汛安全,加强挡潮工程的措施,研究黄浦江潮位再分析,是主要的前期工作之一。

(1) 水环境的变化:据 1984 年制定黄浦公园站千年一遇设防水位 5.86 米;经对照含 1997 年最高潮位记录,所进行的频率计算成果,原设防水位已降为不足二百年一遇情况。

鉴于从 20 世纪 90 年代起,黄浦江水位出现趋势性抬高,必须在水环境变化的研究基础上,进行"超前"至少考虑防潮工程使用年限的一致性研究问题。

(2) 沿海河口潮位的综合分析:据 1984 年对沿海 37 个站的年最高潮位频率分析,证实了潮位的随机性与采用皮尔逊 Ⅲ 型曲线的适线最好。但由于各站系列为 28—65 年,没有考虑历史调查高潮位的参与,则沿海潮位的频率参数与台风增水值等,缺乏相互关联的检验结果。因此建议汇集邻近苏、浙、闽等省的主要站潮位资料,进行含有历史资料的频率分析,期望得出沿海风暴潮的规律性,提供黄浦江设防潮位的重要佐证。

(3) 长江口可能最高潮位估算:基于河口地形地理条件和天气气候变化规律,曾据 1995 年以前资料,建立增水模式,如因子组合法、路径位移法和路径分类法,推得相应成果。但是,关于模式的分辨率、台风强度的变化和河口工程建筑的影响,以及增水与天文潮的组合等问题,有待进一步研究解决。应用水文气象途径估算可能最高潮位,提供水文统计分析作重要的客观依据。

(4) 地面沉降的影响:据上海市地质调查研究院报道,从 1921—1965 年间,市中心城区地面累积沉降量为 1961 毫米,年均沉降量 38 毫米,从 1966—2011 年间,市中心城区累计沉降 290 毫米,年均沉降量 6.4 毫米,已基本得到控制。据《上海市区黄浦江防汛墙沉降规律研究》记载,在外滩 1.8 千米的防汛墙,自 1994 年 5 月至 2004 年,总体沉降 273.92 毫米。其年均沉降量达 27 毫米,随着防汛墙使用年限的增加,其挡水能力将不断降低。

(5) 海平面上升问题:据 1996 年《海平面上升对上海影响及对策研究》中报告,在今后 50 多年内,上海地区的理论海平面将是加速上升趋势,到 2010 年、2030 年和 2050 年其可能上升幅度分别为 4 厘米、11 厘米和 21 厘米。这是工程建设必须密切关注的问题。

(6) 洪潮暴雨的叠加问题:沿海风暴潮与上游洪水,各自具有不同的自然规律。但是发生同时相遇叠加的可能性,从历史资料表明,并不能完全排除,亟须进一步研究。

（7）关于"古洪水"调查研究问题：上海1696年历史特大风暴潮资料，采用直接参与法或周期最大值法，可改进频率分析成果，但相对千年一遇的标准，则不能满足要求。为此，建议进行"古洪水"调查研究，我国长江三峡水利枢纽和黄河小浪底水电站等重大工程，已有成功先例。据上海考古技术水平和沿海"岗身"（由贝壳、牡蛎壳组成）的遗迹，具备取得"古风暴潮"资料，将为改进设计潮位分析，增加一个新的途径。

针对上述各种基础性、关键性的问题，进行探索研究，然后采取综合分析，期望取得稳定、可靠的设计潮位成果。

备注：1983年3月成立《上海市防洪水位研究课题协作组》，参加单位为上海市水利局、上海市航道局、上海市气象局、水电部华东勘测设计院上海分院和华东水利学院（现河海大学），次年提交《黄浦江潮位分析》报告。1984年6月水电部水利水电规划设计院组织召开《黄浦江潮位分析》审查会，《黄浦江潮位分析》报告通过审查。参见有关文件。

第8章 上海：迈向现代化防汛安全城市

上海市地处长江三角洲前缘，北依长江，东濒东海，南临杭州湾，西接江浙两省，属太湖流域的下游平原地区。在正常气候条件下，长江口和太湖的过境水量，加上本地径流等来水，汇集贯穿于黄浦江等水系，发挥了排水、引水、通航和供水等多种功能。为上海向国际现代化城市迈进，提供了自然地理条件的优势。

但是，当异常气候来临时，台风暴潮、暴雨、洪水等会相继发生，导致堤防决口，街道积水，农田受淹，交通中断，甚至人民生命和财产被毁等严重灾害。随着全球气候变暖，海平面上升，陆地沉降以及城市化效应等影响，上海将面临洪潮灾害的新考验。现有的设防能力，仍待加强提高。

8.1 严重洪潮灾害的启示

上海洪潮灾害的水文气象资料，始于1873年，上海洪潮灾害的历史调查资料，追溯1696年的特大风暴潮，上游太湖吴江水则碑的记载，可考证洪水历史800年之久，综合提供300—800年的调查资料。因此，据上海地区的实测与历史调查资料，从水情对象分类，有风暴潮、暴雨和上游太湖洪水等，统称为洪潮灾害，现根据严重灾害的现状与历史简况如表8-1所示。

表8-1 上海地区严重洪潮灾害现状与历史对照

项 目	现 状 实 测 记 录	历 史 调 查 资 料
风暴潮	1997年8月18日11号台风暴潮，吴淞口最高潮位5.99米，受灾农田75万亩，损失约6.35亿元	1696年6月29日台风暴潮，川沙沿海一带，调查最高潮位6.4米，死亡10万人

（续表）

项　目	现 状 实 测 记 录	历 史 调 查 资 料
暴雨	1977年8月21日宝山塘桥24小时最大雨量达581毫米,受灾农田122.5万亩,倒塌房屋3 056间	1696年8月20日吴江雨如悬瀑,按可能最大暴雨方法,推算在800毫米。上海同泾五人合抱大树被拔起,传闻房屋倒塌死者居多
上游太湖洪水	1999年7月9日太湖湖区最高水位4.97米,而吴江一带水位在4.5米,全流域受灾农田33.9万公顷,损失约131亿元	1286年7月(农历六月)太湖大水,吴江水位在"水则碑"的七则,经调查测得在4.73—4.48米之间,为800年的最高值。史载:杭州、平江(苏州)属县水坏田17 200顷

注：吴江当年为吴淞江（今苏州河）的源头。

表8-1给人们的启示：

（1）严重洪潮灾害有异常的气候背景，例如1696年6月29日（清康熙三十五年六月朔）的台风风暴潮和8月20日（农历七月二十三日）的台风暴雨，两者相隔53天，在300年间极为罕见。

（2）现状与历史时期的灾害都有一定的人为活动影响，例如1286年太湖洪水，吴江最高水位达"七则"，系元朝初期的战事影响，在吴江塘路与长桥等处，筑坝阻塞，迫使水位抬升。又如1999年太湖洪水，为实测系列的最高湖区水位，系新中国成立以来，环湖的湖荡围垦面积达528平方千米，减少原有湖区水面积，导致湖区水位抬升有关。

（3）随着社会的进步，类似的台风灾害与设防措施密切相关。如清代1696年的强台风，由于当年海塘溃决与缺乏预警，致川沙沿海死亡十万余人，灾难惨重。但在新中国成立后，1997年强台风侵袭，由于外滩防汛墙建成，防洪能力大为提高，损失有限，效益显著。

8.2　21世纪上海防汛减灾的新形势

上海社会经济的迅速发展，推动上海地区防汛减灾能力不断提高，保障了全市生产和生活的安全。随着黄浦江沿岸防汛墙建成，太浦河调控泄流等骨干工程实施，灾害的频次有所减少，但河道水位却不断突破历史记录，仍然面临着新的防汛形势，现探讨如后。

1）市区防汛墙与黄浦江潮位的抬升问题

当 1981 年上海遭受严重风暴潮侵袭时，高潮位达到当年市区防汛墙顶仅低 8 厘米，市中心区被淹岌岌可危，后紧急采取浦东纳潮措施，才得以免遭重创。1984 年经市政府批准建设黄浦江高标准的防汛墙，有效抵御风暴潮，安全渡过了十多年。

迨 1997 年黄浦江防汛墙经受了 9711 号强台风形成的风暴潮考验，黄浦江潮位突破上百年历史记录。据验算，黄浦公园站原千年一遇设防潮位降为二百年一遇。但是，这不是设防标准的偏低，而是检验设防潮位设计估算数据偏小。

初步分析，在防汛墙建设前，干支流的河槽蓄量比为 1∶1；当防汛墙全线建成时，包含沿江支流口门建水闸控制，使支流不再同步纳潮。而建墙后，其干支流槽蓄量比降为 1∶0.3，致干流行洪槽蓄量剧增，使沿江潮位被迫抬升的原因之一。

从整体来看，黄浦江潮位被迫抬升，还有其他因素，如潮汐顶托，海平面上升，以及长江口综合整治等影响。

2）"治太"工程对黄浦江上游地区的水情影响

在"治太"工程建成前后的水情对照，黄浦江承泄太湖泄水量，未建工程前（1954 年）约占太湖 88％，建成后（1994 年）减为 37％；但是黄浦江上游米市渡站的最高水位，未建前最高为 3.80 米，到建成后（2013 年）达 4.61 米，抬升约 0.8 米，反映河道水情的显著变化。

当首次"治太"工程完成后，上游杭嘉湖平原区来水直达黄浦江，与上海当地暴雨遭遇，以及潮流区上移等共同作用，从而使米市渡水位不断飙升，加重了该区域的农田淹涝的潜在威胁。因此，建议将控制米市渡水位问题，作为治理黄浦江的主要目标之一。

3）河口水闸与闸上下泥沙淤积问题

为解决苏州河区域的挡潮、调水、景观与航运等需要，于 2007 年建成河口水闸，单跨为 100 米（与河口同宽）的水下卧倒闸门，闸门顶高程 6.26 米，闸底槛高程－1.50 米，设计潮位为千年一遇标准，实现"东引西排"和"西引东排"的双向调水，改善了苏州河水环境的效果。

在苏州河综合治理三期工程（2006—2011 年），当底泥疏浚期间，对水闸上游河床断面测量发现，河床中部最大淤积厚度达 0.67 米，引起了人们的重视。水闸管理部门分别于 2007 年和 2012 年开展了人工清淤措施，对水闸安全运行起到良好保护作用。

关于闸下淤积原因,如调度启闭方式不当,和闸址深入内河较长,或咸潮入侵等,均易导致淤积的风险。但新建河口水闸上下游在短时期内,发生快速淤积实为罕见,亟须加强研究。

4)城市化效应与道路积水的关系

上海的中心城区,属高楼林立、道路纵横、人口密集而水绿偏少的"三多一少"局面,导致城市化效应显著,呈现道路积水频发的后果,其原因有二:

一方面由于城市气温增高,有利于对流性降水的形成,产生短历时暴雨居多,暴雨的增雨率达20%左右。雨区范围主要在市中心城区,现伸延至浦东新区陆家嘴一带,常呈现明显的雨岛现象。

另一方面由于城市的下垫面不透水层面增多,如道路、房屋等,其降雨径流系数不断增大达0.7—0.9;而农田、乡镇用地的径流系数在0.35以下。同时市中心城区的水面率仅为0.9%(不含黄浦江与苏州河在内),承泄雨水不匹配,其雨水的自然蓄水容量不增反减,道路积水必然频发。据2008—2013年间的暴雨情况,当暴雨达84—117毫米/小时,道路迅速积水,尤其如祁连山路地道等处积水深达0.8米。因此,城市化效应涉及方方面面,必须统筹规划,将是现代化城市发展的重点研究课题。

5)长江流域建设发展与河口咸潮入侵的变化

随着长江沿岸的城镇发展和上游水利工程的建设,使长江口的水情也相应演变,最显著的影响是长江口咸潮入侵时间提前出现。据1980—2000年长江口氯化物监测资料,咸潮入侵自11月至次年4月的常规时段,但到2006年却在9月就发生咸潮入侵,先后历时近8个月内,都可能发生咸潮危害。2006年9月11日至10月24日2次咸潮入侵,氯化物浓度达524毫克/升至1 400毫克/升。2011年青草沙水库建成并成为上海市的供水水源地,因此咸潮危害,亦将直接影响上海的饮用水安全问题之一。

新中国成立60年以来,防汛减灾经历了从不设防到设防的过程。工程措施有千里海塘、千里江堤、区域除涝、城镇排水等四道防线;非工程措施有预案预警、信息保障、抢险救援、组织指挥体系等。防汛信息化建设,进入了智能化、集约化的新阶段,取得防汛减灾的显著成就。总之,经60余年的水利建设,原有的水环境平衡受到了一定的影响,一方面成效显著,另一方面出现了未能预料的变化,有些影响尚处于潜伏过程,呈现了防汛减灾的新形势,我们应当居安思危,决不可掉以轻心。

8.3　回顾历史，探索治水对策

太湖流域及上海地区的治水活动，自古迄今，曾涌现不少重视防洪减灾的人士，例如宋朝范仲淹（989—1052 年）提出"修围、浚河、置闸，三者如鼎足，缺一不可"。它体现了挡潮与排涝、泄洪与蓄水的矛盾，也概括了治水对策的原则。现将上海地区历史上防洪减灾简况介绍于后。

1）避害兴利，修筑沿海海塘

海塘是上海地区沿江沿海防御潮灾的修围工程。据《新唐书·地理志》："盐官有捍海塘堤，长百二十里，开元元年（713 年）重筑。"当年华亭镇（今松江）属盐官县境，故唐筑海塘实为上海地区最早记录的海塘工程。

不久，随着杭州湾北岸累遭涌潮冲击，王盘山与金山三岛一带海岸线相继沦海，唐筑海塘坍毁淹没，上海地区西南部分坍陷近 10 千米。

唐宋以来，沿海海塘仍持续兴建，从最早的土塘、柴塘，升级为土石塘、石塘。从局部分段，逐步向大规模的统一兴修海塘；在明成化八年起（1472—1543 年），西起江苏常熟县界，经宝山转向，南下直抵浙江海盐，兴修长达 420 里的海塘，形成包围上海的海塘系统，史称"江南海塘"。清代扩修海塘，向上海地区东部海域累计伸展近 20 千米，完成了抵御咸潮、涌潮、风暴潮的防线。

在江南海塘建成后，上海地区的生产、生活发生巨大变化，沿海土地盐分逐年衰减，草木茂盛，于是大批盐田改造成良田，农业生产迅速发展，既提升了当地经济，又改善了人民的生活环境（见图 8-1）。

2）因地制宜，开通黄浦江水系

吴淞江古称松江，元代以前为太湖流域泄洪主要通道之一。史称"唐时阔二十里，宋时宽九里"。随着京杭运河和吴江塘路修建，以及围湖造田等影响，吴淞江上源来水日趋减少，河口海沙淤涨严重。元末明初吴淞江下游几十里，河道几乎淤为平陆，致太湖泄洪受到严重阻塞。

明永乐元年（1403 年）夏原吉治水苏松，采纳叶宗行建议，开浚范家浜，上接大黄浦，江面宽仅 30 丈，迨后引淀山湖汇集太湖各路来水，下游河道不浚自深，河面扩展至 300 米，河口段面宽 800 米，形成黄浦江水系，重塑了太湖下游水网的基本格局。

吴淞江在明清期间（1462—1890 年）河宽为 40—50 米，疏浚达 29 次，平均17 年/次，但随浚随淤，无法恢复旧时壮观。黄浦江以后起之秀经 400 余年的演

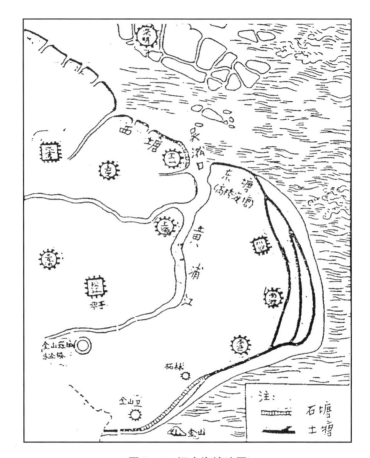

图 8-1 江南海塘略图

变,具有较强的行洪能力和宽阔的深水航道,成为上海城市繁荣与发展的重要支柱。

3) 精心筹划,建造吴淞江水闸

水闸是具有多功能的水利工程,它能挡潮、通航、排水和引水灌溉等多种用途。上海地区水闸的出现,最早为宋嘉祐元年(1056 年)松江横塘口的常丰闸。

2001 年 5 月上海普陀区志丹苑小区建筑工地发现地下建筑遗址,经上海博物馆考古研究发掘,确定为元代水闸遗址(上海元代水闸遗址博物馆,已于 2012 年底对公众开放)。这是近年来考古发掘出的规模最大、工艺最好、保存完整的古代水利工程(见图 8-2)。

为什么元代水闸(约建于 1304 年)遗址能保存 700 余年?据考证,该闸具有精心筹划、严格施工、技术领先等特点。例如在软土地基上,用木桩加固基础;水

图 8 - 2　志丹苑元代水闸遗址现场(钱汉东摄)

闸溢流护坦,用连锁铁锭固定等措施,使水闸经得起高速水流冲击、台风暴潮压力的考验。在吴淞江上的元代水闸建筑,比欧洲意大利伯豆河(Pater)上的船闸(建于 1481 年)要早 180 年,对我国水利工程技术史具有重要意义。

　　上海地区防洪减灾的历史已有一千三百年了,聚集了人民的智慧与劳力,采取修围、浚河、置闸的工程措施,萌发避害兴利、因地制宜、精心筹划的指导思想,形成具有上海地方特色的治水对策,为保障城乡安全,促进经济发展,作出了不可磨灭的贡献。然而我国古代海塘防御标准有限,加上维护不善,或因年久失修,若遭遇特大风暴潮,尚难以抵御。据上海地区自然灾害史料,清康熙三十五年(1696 年)的风暴潮灾,死亡达十万余人,遭受严重损失。如何应对异常严重洪潮灾害,正如林则徐(1785—1850 年)指出"与其补救于事后,莫若筹备于未然"的对策,无疑是治水的经验总结之一。

8.4　放眼全球,借鉴防洪经验

　　"它山之石,可以攻玉。"国外某些城市从奠基、繁荣、复兴或者迁移,经历多次自然灾害的洗礼,不断采取各种防治措施,然后屹立于世界著名城市之林,现摘要简介如后。

　　1) 国外城市排水设施

　　例如法国巴黎的下水道建设,自 1802 年的一场大水,大水裹挟污泥横冲直撞,行人步履维艰,曾被视为"泥泞的城市"。后加强下水道的修建,于 1878 年完成了 600 千米的下水道,初步解决了局部街道的积水问题。1935 年巴黎率先进行污水净化改造工程,建设污水净化厂,对废水进行处理,一部分外排一部分循环利用。到1999年实现污水与雨水的完全处理,建成2 350千米 的下水道,其孔径规模为:高度2米以上,宽度达5米多,中间是宽达3米的水渠(深约1米多供清除淤泥用),两边各宽1米的工作便道;这样空间可容纳并行两辆汽车通行(见图8-3)。因此,若遇倾盆大雨,下水道犹如一座近2 000万立方米的地下水库,地面积水很快就能排入,街道上基本不再发生积水现象。

图8-3　巴黎下水道截面

上海市中心区的排水管道长度约2 960千米(据2008年资料),管道直径最大在2.0—4.2米不等,与巴黎下水道比较,虽长度有余,但管道截面相对偏小。可见,巴黎下水道不仅有输水的基本功能,而且有发挥蓄水库的应急功能,充分发挥了下水道的排涝作用。

2) 国外城市防洪挡潮措施

例如英国伦敦泰晤士河挡潮闸的建设,自19世纪以来,1875年、1877年和1894年多次潮水淹没伦敦,1928年遭遇最高潮水位5.20米(超历史记录),潮水漫溢堤顶，灾后加高至 5.28 米；1953 年的风暴潮潮位达 5.41 米，灾后又将堤岸加高到 5.80 米。据资料分析，伦敦市地面近百年来相对下沉 0.76 米，而潮水位却抬高了 0.61 米。经论证比较，即使堤岸再行加高到 6.90 米，伦敦仍将处于可能发生的洪潮威胁之中。有鉴于此，1968—1972 年就如何保护伦敦的设防措施进行了论证和研究，至 1972 年国会通过"泰晤士河挡潮闸及防洪法"，决定了修建泰晤士河开敞式挡潮闸，历时 10 年，至 1984 年竣工使用。

荷兰鹿特丹港新水道挡潮闸的修建，是当今世界上单孔跨度（达 360 米）最长的开敞式挡潮闸，十分有利于万吨级以上巨轮自由通航，成为欧洲海运最繁忙的水城，人们叫它"欧洲的门户"，从一百多年前的小港口，一跃成为当今世界第一大港（见图 8-4）。

图 8-4　荷兰鹿特丹新水道挡潮闸全景

据美国西海岸河口治理的报道，美国沿海城市旧金山曾历时数年，为旧金山湾的防洪问题，进行挡潮闸课题的研究和模型试验，发现若建闸后，高潮位相对抬升，同时湾内生态环境严重影响，遂予否定。为保障河口和海岸地区居民安全，美国政府采取大片滞洪、蓄洪区域，当异常洪潮来临前迅速安排居民疏散措施。例如 1998 年飓风暴潮来临，北卡罗来纳州在 12 小时内，紧急疏散当地居民达 20 多万人。这是根据当地环境特点，经过深入调查研究，权衡利弊得失，做出防灾措施的决策。

例如达卡是孟加拉国的首都，位于恒河下游，孟加拉湾像巨大的喇叭口，当台风从南向北移动时,侵入平坦的恒河三角洲水网区域,因此孟加拉国常遭严重的风暴潮灾害。据 1970 年 11 月潮灾,台风风速达 115 英里/小时(185 千米/时),巨浪高达 15 英尺(4.5 米),造成 30 万人死亡。在 1970 年潮灾后,孟国政府修建了避难所 300 个,建二层楼高的避风房屋,能抗 8 米深的潮水,每所容纳 1 000 人避难。迨 1991 年 4 月潮灾,台风风速 233 千米/小时,巨浪高达 6 米,造成死亡人数达 13.8 万人,经济损失约 15 亿美元。灾后从避难所的实效,孟国再建避难所增至 2 000 个,可供 100 万人避难。经 1997 年 5 月的台风暴潮考验,死亡人数不到 100 人。历史资料对比表明,在 1970 年、1991 年和 1997 年三年遇难人数的差异是令人惊叹,其减灾效果是显著的。

从世界各地防御风暴潮的对策基本上可以分为两类:

一类是筑堤、建闸等工程措施:如伦敦、鹿特丹、圣彼得堡等滨海河口城市,已建成堤防和各类开敞式挡潮闸工程,为防御洪潮,并保证通航和维护自然环境等服务。

另一类是撤离和避难措施,例如美国西海岸和孟加拉国,根据所在地的地理特点与环境条件,加强情报预报,组织撤离人员或进入避难所等应急措施,起到及时减灾作用。

8.5　上海远期防汛对策探讨

上海地处太湖流域的下游,黄浦江是太湖流域的自然泄洪通道之一,从防洪减灾的全局考虑,上海未来的设防对策,与太湖流域整治策略密切有关。为此,提出上海远期设防对策建议如下。

1) 兴建河口水闸,抵御暴潮侵袭

根据《黄浦江河口建闸规划研究总报告》指出:上海未来提高设防途径,基本上是两种方案,即继续加高加固防汛墙方案和河口建闸挡潮方案。认为黄浦江河口建设开敞式挡潮方案,是解决上海全市防洪挡潮的根本措施。通过对河口水闸的调度,不仅防御风暴潮以确保上海市区防汛安全外,而且还具有预降黄浦江水位的功能,例如当太湖发生洪水时能适当挡住天文大潮以减缓潮汐的上溯程度。

2000 年 10 月水利部在《太湖流域近期(2010 年)防洪建设若干意见》提出:"黄浦江河口建闸是解决上海市防洪的根本措施,对太湖流域防洪及上海供水具有显著效益,而要研究其可行性(包括对环境的影响)符合综合利用目标的工程方案及运行。"因此，从各方面来看，河口建闸将使上海城市安全的防御能力，提高到一个新的水平。

2）结合河道治理，改进城镇排水

上海城镇暴雨积水问题，从表面来看，由于中心城区水面率减少，泵站排水标准偏低，从深层次观察，由于城市化效应，产生高楼林立的增雨率，道路不透水性的径流系数增大等。因此，首先改善城镇的环境，如欧美的巴塞尔等城市实施绿色屋顶行动，西雅图建立自然排水系统和法国巴黎下水道工程等，即将水利措施与生态系统工程结合起来，利用土壤与植物的吸水能力，既截留面源污染，又减轻排水系统的压力。

为此，建议改善城镇环境是防治城镇积水的重要对策有：一是合理规划城市高楼的发展与布局，避免过于集中的城市化效应。二是提倡地面绿化和滞水措施，增加绿地人均面积，研制透水性的路面等新技术。三是加强排水系统，除泵站、雨污水处理厂外，创建承泄雨水的地下蓄水库，与外排相配套的河道等，以应对突发性的强降雨。

3）实施吴淞测流，全面掌握水情

在 2000 年太湖流域治理工程取得重大成绩后，上海地区的城市防洪安全得到了提升，供水水源亦有所改善。但不可预见的新问题也随之而来。如，2013 年上游米市渡站最高水位达 4.61 米，突破历史记录 0.8 米，颇为异常。可见治太工程削减了入浦水量，却带来了黄浦江行洪水位全面抬升的新问题，反映了洪涝灾害的潜在威胁。

因此，建议吴淞口实施全潮测流，提供黄浦江全域的水量平衡分析，改进区域模型的可靠性，进行客水来源的评价，潮汐顶托能力的影响，从而探索水位全面抬升的原因等众多问题。此外，关于控制水污染的通量计算，也亟须河口实测流量数据。黄浦江河口测流资料，为规划、设计等服务，具有重要的现实意义。

4）加强预测预报研究，提前防范调度

据 1991 年江淮洪水的预测，1998 年长江洪水的预报，早有不少专家，从不同的角度与方法，对异常洪水做出预测信息，并取得了一定的成效。

鉴于上海的工业企业布局主要在沿江沿海一线，例如青草沙水库、宝山钢铁厂、浦东国际机场、洋山深水港和金山石化厂等，其海塘设防标准为二百年一遇，以确保工程安全；但是，台风带来飓风暴雨，却无法阻挡，只能采取转移或避让方式，须掌握一定时间提前量，要求准确预报信息，因此加强"上海风暴潮预测预报"课题研究,是重要的非工程措施。

总之,面临 21 世纪,上海远期防洪对策:改进防汛工程系统,建立预报预测系统向高标准、新技术发展,并与环境保护工程系统等相结合,才能符合长远利益,减少洪潮灾害,使上海成为崭新魅力的现代化防汛安全城市。

附 录

　　说明：本书选择了几幅典型的、具有纪念意义的老照片作为附录，虽在色彩、背景、清晰度上并非摄影佳作，但真实地反映了当时的遭灾情况，非常珍贵，具有一定的历史价值。如附图3，受台风影响风暴潮深夜侵袭申城，外滩黄浦江出现了最高潮位，风浪翻越防汛墙，当时被一位专业摄影师，在黑暗中抢拍到了难得的瞬间实景；如附图7，为历史久远的水则碑照片，已在"文革"中损毁。本书所附的每张老照片都有一个鲜为人知的故事，可在正文各章节上查得。

附图1　1949年7月陈毅市长在长江口海塘高桥决口现场指挥抢险

附图 2   1956 年以前潮水涌入外滩黄浦公园地面

（注：据上海历史上的灾害专辑，《上海滩》2008 年第 5 期）

附图 3   1981 年 9 月 1 日夜外滩防汛墙出现越浪险情

（注：背景为黄浦公园老水位站房前原防汛墙）

附图 4　1977 年 8 月 23 日特大暴雨洪水痕迹

（注：摄于嘉定县南翔镇红翔大队东长生产队）

附图 5　1991 年 7 月 8 日炸开钱盛荡坝

（注：7 月 15 日太湖最高洪水位达 4.79 米）

附图 6　建于 1694 年的老宝山城南门

（注：位于今浦东新区高桥镇东北，1696 年水位高于老宝山城丈余）

附图 7　建于 1120 年的太湖吴江县水则碑

（注：原址位于吴江县东门外长桥主孔桥墩，碑面已在 1510—1564 年间被重新题刻）

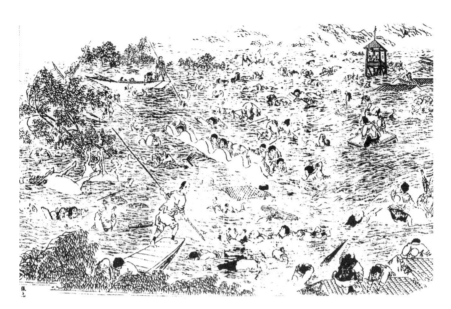

附图 8　《点石斋画报》中的海啸(风暴潮)致灾图景

(注:上海《点石斋画报》创刊于 1884 年 5 月,图为 1905 年潮灾)

附图 9　2007 年建成的苏州河口新水闸

参考文献

陈家其. 太湖流域历史洪水排队[J]. 人民长江, 1992(3): 30-33.

陈美发. 黄浦江河口建闸势在必行[J]. 上海水务, 2001(1): 1-3.

陈元芳. 一种可考虑历史洪水的马氏权函数法研究[J]. 水科学进展, 1994, 5(3): 174-178.

冯士筰. 风暴潮导论[M]. 北京: 科学出版社, 1982.

富曾慈. 中国水利百科全书: 防洪分册[M]. 北京: 中国水利水电出版社, 2004.

高建国, 等. 我国沿海地区台风灾害影响研究[J]. 灾害学, 1999(2): 73-77.

顾相贤, 等. 上海黄浦江防汛墙危险性最大的灾情及其对策[J]. 上海水务, 2008(3): 37-40.

管惟庆. 太湖流域 1991 年洪水水情分析[J]. 中国水利, 1991(12): 18-21.

郭生练. 设计洪水研究进展与评价[M]. 北京: 中国水利水电出版社, 2005.

国家防汛抗旱总指挥部办公室, 水利部南京水文水资源研究所. 中国水旱灾害[M]. 北京: 中国水利水电出版社, 1997.

国家环境保护总局. 全国生态现状调查与评估: 华东卷[M]. 北京: 中国环境科学出版社, 2005.

华家鹏. 上海黄浦江口设计潮位的分析[J]. 水文, 1985(3): 9-11.

黄兰心. 近 40 年来长江下游干流洪水水位变化及原因初探[J]. 湖泊科学, 1999, 11(2): 99-104.

黄宣伟. 太湖流域规划与综合治理[M]. 北京: 中国水利水电出版社, 2000.

黄振平, 等. 历史洪水重现期的误差对设计洪水的影响[J]. 河海大学学报(自然科学版), 2002, 30(1): 79-82.

季永兴, 卢永金. 苏州河河口水闸历史、现状及未来[J]. 上海水务, 2014(1): 1-8.

李俊奇,等. 城市雨涝问题及其对策[J]. 建设科技,2004(15):48-51.

李善邦. 中国地震[M]. 北京:地震出版社,1981.

梁瑞驹,李鸿业. '91太湖洪涝灾害[M]. 南京:河海大学出版社,1993.

林荣,李国芳. 黄浦江风暴潮位、区间降雨量和上游来水量遭遇分析[J]. 水文, 2000,20(3):1-5.

刘昌森,姚保华,等. 上海自然灾害史[M]. 上海:同济大学出版社,2010.

刘火雄. 巴黎下水道:2350公里构筑"城市良心"[J]. 国家人文历史,2014(14): 76-80.

刘晓涛. 关于城市河流治理若干问题的探讨[J]. 上海水务,2001(3):1-5.

卢永金. 上海风暴潮防御的形势与对策探讨[J]. 上海水务,2008(1):6-10.

陆静依. 荷兰鹿特丹新水道挡潮闸简介[J]. 上海水务,2001(3):51-53.

陆人骥. 中国历代灾害性海潮史料[M]. 北京:海洋出版社,1984.

罗肇森. 美国西海岸两河口治理的经验[J]. 海洋工程,1983(4):83-86.

罗哲文,等. 中国名桥[M]. 天津:百花文艺出版社,2001.

孟莹莹. 上海市区透水性路面渗透性能的实测与应用分析[J]. 中国给水排水, 2009,25(6):29-33.

欧炎伦,吴浩云. 1999年太湖流域洪水[M]. 北京:中国水利水电出版社,2001.

秦曾灏,冯士筰. 浅海风暴潮动力机制的初步研究[J],中国科学,1975(1): 64-78.

桑润生. 任仁发和吴淞江的治理[J]. 上海水利,1999(4):53-55.

桑润生. 太湖流域历史上水患的成因、策治和教训[J]. 上海水利,1998(2): 42-45.

上海勘测设计研究院. 工程实践回顾与总结[M]. 北京:中国水利电力出版社,2004.

《上海气象志》编纂委员会. 上海气象志[M]. 上海:上海社会科学出版社,1997.

上海市防汛指挥部办公室. 上海市防汛工作手册[M]. 上海:上海科学普及出版社,2008.

沈洪. 上海市区黄浦江防汛墙沉降规律研究(上)[J]. 上海水务,2006(1): 31-34.

水利部长江水利委员会. 长江流域水旱灾害[M]. 北京:中国水利水电出版社,2002.

孙瑞鹤. 英国泰晤士河防洪闸设计简介[J]. 上海水利,1997(3):54-55.

《太湖水利史稿》编写组.太湖水利史稿[M].南京：河海大学出版社,1993.

陶诗言.中国之暴雨[M].北京：科学出版社,1980.

汪松年.上海地区洪涝灾害的特点和防治对策探讨[J].城市道桥与防洪,
　　2007(5)：187-192.

王国安,李文家.水文设计成果合理性评价[M].郑州：黄河水利出版社,2002.

王家祁,骆承政.中国暴雨和洪水特征的研究[J].水文,2006,26(3)：33-36.

卫明,王锡忠,等.水闸震害及抗震动力分析[J].上海水利,1998(4)：14-24.

吴浩云,管惟庆.1991年太湖流域洪水[M].北京：中国水利水电出版社,2000.

肖功建,韦晓.上海城市灾害分析与减灾建设[J].灾害学,2001,16(2)：70-75.

徐向阳.水灾害[M].北京：中国水利水电出版社,2006.

杨宝国.中国沿海的风暴潮灾及其防御对策[J].自然灾害学报,1996,5(4)：
　　82-88.

易立群.浅议暴雨径流分析计算方法在浦东防汛排涝中的应用[J].上海水务,
　　2008(1)：22-24.

虞中悦.9711号台风影响上海的汛情险情分析及除险建议[J].上海水利,
　　1997(4)：1-5.

虞中悦.上海市区防汛标准与工程简介[J].上海水利,1985(3)：30-36.

袁志伦.上海水旱灾害[M].南京：河海大学出版社,1999.

张文彩.中国海塘工程简史[M].北京：科学出版社,1990.

郑佐利.黄浦江与泰晤士河洪潮灾害及其治理的比较[J].上海水利,1997(1)：
　　34-36.

中国科学院地学部.海平面上升对中国三角洲地区的影响及对策[M].北京：科
　　学出版社,1994.

中国人民大学清史研究所.清史编年：第四卷[M].北京：中国人民大学出版
　　社,1991.

周魁一."历史模型"与灾害研究[J].自然灾害学报,2002,11(1)：10-14.

周丽英,杨凯.上海降水百年变化趋势及其城郊的差异[J].地理学报,2001,
　　56(4)：467-476.

周淑贞,等.城市气候与区域气候[M].上海：华东师大出版社,1989.

朱诗鳌.坝工技术史[M].北京：水利电力出版社,1995.

后　记

　　2008 年 5 月 12 日,我国四川省汶川县发生里氏 8.0 级地震,因灾死亡近 7 万人,经济损失达 8 000 亿元,巨大的灾难震惊了全国人民。

　　回顾上海地区的自然灾害,以台风风暴潮、暴雨和上游洪水等灾害为主。展望未来,异常的洪潮灾害会发生吗? 因此,受"与其补救于事后,莫若筹备于未然"的启迪,自 2008 年底起,笔者经过多年汇集整理,立题选材,梳理编排,拟订提纲,然后循序推进,逐章撰写,完成了防汛减灾为主题的初步成果。后约请多方专家审阅和指导,根据专家的意见和建议,作了深度增删修改,同时将书稿资料补充至 2013 年度,书稿编制历时 6 年,题名《关注上海洪潮灾害》。

　　上海市水文总站技术人员历年发表洪潮报导与论文等,为编著本书的基础资料,兹将主要文章及书刊简要说明如下:

　　第 1 章:上海地区水文特性探讨(顾圣华,2003①)、大灾促大治——规划要深化,配套要完整(胡昌新、卢鼎元,1991②)。

　　第 2 章:8114 号台风风暴潮对上海的影响(周文郁,1992⑤)、黄浦江 9711 号台风高潮的抬升原因分析(胡昌新,1997②)、长江洪峰对上海防汛的影响(顾圣华,2000⑥)、0509"麦莎"台风影响黄浦江上游水情的探讨(胡昌新、陈晓,2007⑦)、"麦莎"台风影响期间黄浦江上游潮位变化特点及分析计算(徐建成、刘水芹等,2007⑧)、上海海域风暴潮数值模拟及"海葵"增水分析(李铖、聂源等,2013①)、9711 号台风与黄浦江暴潮(沈振芬,1997②)。

　　第 3 章:上海暴雨特征及其危害(金云、胡昌新,2008③)、客水对平原水网产流的影响分析(胡昌新,1991③)、上海市区城市化对降水的影响初探(李天杰,1995④)、关于市区排水河道设计标准的商榷(贾瑞华,1996②)、从 2013 年"9.13"暴雨探讨城市化对降水的影响(胡昌新、俞汇、金云,2015①)、上海市"778"暴雨简介(上海市水文总站分析科,1984④)。

第 4 章：1999 年上海市梅雨特性与水情分析（徐辉忠、顾圣华、何金林，1999[②]）、太湖洪水位的抬升因素及减灾对策（金云，2005[①]）。

第 5 章：上海 1696 年历史风暴潮初步探讨（胡昌新，2003[①]）、上海历史风暴潮与地震遭遇的初步探讨（胡昌新，2002[③]）。

第 6 章：从吴江县水则碑探讨太湖历史洪水（胡昌新，1982[④]）。

第 7 章：黄浦江高潮位异变与防汛水位研究及对策（何金林、胡昌新，2004[⑨]）、长江口可能最高潮位研究（盛季达、何金林，1999[④]）。

第 8 章：从洪潮灾害，看黄浦江河口建闸之必要（胡昌新，1999[⑩]）、2006 年长江口咸潮入侵的认识与思考（何金林，2007[⑪]）。

本书在编著过程中，承上海市水文总站徐辉忠、严玉祥、尤如岳、蒋浩然、潘葆明、胡岚等同志协助校对与复查，俞汇同志对全书做了清稿订正工作。其间上海市水文总站领导给予了极大的关心和支持，使书稿得以全面完成。在此，一并致以诚挚的感谢！

编著者
2016 年 3 月

备注：①《上海水务》。②《上海水利》。③《水资源研究》。④《水文》。⑤《中国风暴潮概况及其预报》。⑥《上海水利学会第十届年会论文集》。⑦《第四届长三角气象科技论坛论文集》。⑧《城市道桥与防洪》。⑨《2004 年全国水文学术讨论会论文集》。⑩《上海科坛》。⑪《人类活动与河口：中国水利学会 2007 学术年会论文集》（中国水利水电出版社，2008）。